野菜の世界が広がる

野菜の寿司ねた

安田修康 著

川澄 健 著

寿食品㈱営業部 監修

東京農大出版会

野菜の世界が広がる『野菜の寿司ねた』を推薦します

　食用の草本植物、すなわち野菜は人類、そして多くの生物の生命を支える必須の植物です。その起源は人類が誕生し、食べられる植物を探し育てたことに始まります。その後、世界中で地域の土地や気候に合った野菜が栽培され、改良されてきました。現在、世界で栽培されている野菜の数は800種類を超え、日本でも180種類があるといわれています。

　植物の中で最も私たちの生活に身近な野菜ですが、副菜と言われるように食卓を飾る主菜の引き立て役にこれまで甘んじてきたのではないでしょうか。しかし、最近は野菜がメインディッシュのレシピも増えてきています。味だけでなく、健康的で食卓に彩りを添える野菜が主役になる時代が到来しているのです。

　この本を執筆した寿食品株式会社の安田修康さんは、昭和41年に東京農業大学農芸化学科と応援団を卒業し、食品企業での３年間の勉強を経て若干25歳で寿司用のガリ生姜の製造販売を行う寿商店（現：寿食品株式会社）を起業しました。国産生姜にこだわりを持ちながらも、品質が良い外国産生姜も取扱い、多様な顧客のニーズに応えられる生姜製品を次々と生み出していきました。まさに、頑固に生姜一筋を貫くプロ中のプロであり、そのネットワークは全国の寿司店、回転寿司チェーン、さらには海外へと広がっています。

　そうした安田さんのもとに、寿司職人・バイヤーさんから「何か新しい寿司種になる野菜・漬物はないかね？」という相談が数多く寄せられるようになりました。そうした声を聞く中で、『野菜の寿司ねた』というテーマで本を執筆し、多くの人々に野菜の魅力を届けたいという思いが生まれてきました。そうはいっても生姜商品の開発一筋に生きてきた安田さんが、多くの人々の思いを受けて本を執筆するというのは一大決心であったことでしょう。しかし、「念ずれば通ず」の諺のように、その思いを人に伝え、一歩一歩レシピを磨いていくうちに、このような見事な本ができあがりました。この本の執筆で苦労した点を安田さんは次のように語っています。「全てのレシピを自ら考え、試作し、その味に納得がいくまで試行錯誤が続きました。納得のいくレシピができた場合は、知り合いの寿司職人さんに実際にレシピに従って野菜寿司を作ってもらいお互いが納得いくまで味と彩りを追求しました。そのため、構想からこの本ができるまでに４年もかかってしまいました。」

　日本の寿司が世界の寿司となって羽ばたいたように、安田さんの『野菜の寿司ねた』は世界に羽ばたく可能性があります。この本に示されているのは寿司種として野菜のうまさを最高に引き出す日本料理の技の数々ですが、寿司種としてだけでなく野菜の一品料理としても興味深いレシピと言えるでしょう。安田さんは「全世界の寿司職人さんに読んでいただきたい!!　という強い思いで本書を執筆しましたが、その内容は寿司職人さんだけでなく、日本食の料理人、洋食レストランのシェフ、さらにはご家庭の主婦の皆様にも是非読んでいただきたい豊かな内容にあふれています。

　また、この本をきっかけとして多くの方々が寿司種としての野菜に興味を持たれ、様々な工夫をされることを安田さんは強く希望されています。そうすれば、「第２、第３の『野菜の寿司ねた』を世に出すことができるでしょう。」と安田さんは夢を膨らませています。是非、多くの皆様に本書を手に取って頂き寿司種としてだけでなく、野菜をメインディッシュとした料理の数々を提案していただきたいと思います。

門間敏幸（東京農業大学名誉教授）

はしがき──『野菜の寿司』が世界に広がることに思いを込めて

　私は東京農業大学を卒業してから、50年近く一貫してショウガの加工・生産に携わってきました。私の人生そのものがショウガとともにあったといっても過言ではありません。ショウガは味やその機能が実に素晴らしく、ショウガと関われば関わるほどその魅力に取りつかれていきました。ショウガの原産地はわかっていませんが、インドや中国では紀元前から食用や医薬品として活用されてきました。日本では古事記にショウガの記載があり、当時から栽培されていたことがわかります。

　私とショウガとの出会いですが、若いころからとにかくお寿司が好きで、給料がでればお寿司屋さんに行きました。そこでガリショウガを食べる機会が多く、その味の違いに驚き、美味しいガリショウガを作りたいという思いが高まり、25歳で会社勤めをやめ、ショウガの加工・販売会社である寿食品を起業しました。そしてとにかく美味しいガリショウガを広めたいという一心で全国の寿司店を回りました。幸いなことに多くの寿司職人さんの支持を受け、ショウガビジネスは順調に発展することができました。

　寿司職人さんや回転寿司チェーンさんとのネットワークが広まる中で、「何か、寿司種になるような漬物はないか？」と言われるようになり、魚介類以外の野菜を中心とした寿司種を考えるようになりました。しかし、野菜類は魚介類とは異なりたんぱく質や脂肪が少なく、味は淡白ですが、魚介類にはないビタミンやミネラルが豊富に含まれています。そのため、「野菜寿司ができれば、寿司を食べて野菜も同時に摂取でき健康にも良いというイメージが定着できる可能性がある」と考えました。しかし、生あるいは茹でた野菜をそのままシャリの上にのせても、まったく味は引き立ちませんし、美味しくありません。

　野菜寿司の構想はしたものの、寿司職人でもない私にとって美味しい野菜寿司を作ることは試行錯誤の連続でした。100種類以上もある野菜の中から寿司に合う野菜の選択、選択した野菜を寿司種として美味しく食べるための調理・味付の工夫などを何回も何回も繰り返しました。そして、自分が食べて美味しいと思った野菜寿司を懇意にしている寿司職人さんに作ってもらい、さらに美味しく食べるための工夫を重ねました。こうしてできた野菜寿司を、さらに多くの人に食べてもらい、その意見を聞いて作り方を改良してレシピを開発していきました。

　「何か、寿司種になるような漬物はないか？」の一言から生まれた構想が、本書として完成するまでに実に４年の歳月と、寿司職人さんをはじめとする多くの人々の協力がありました。これらの人々の助けがなければ、決して本書が誕生することはなかったでしょう。心から感謝の意を表します。

　本書は全国の寿司職人さんに読んでいただき、野菜寿司を広めてもらいたいという思いを強く込めて執筆しました。さらに私の夢を申し上げるならば、本書が一つのきっかけとなり、野菜の寿司が全国・全世界に広まり、寿司のさらなる国際化に貢献したいという思いがあります。そのためにも、本書を是非手にとっていただき、野菜寿司に挑戦していただき、感想や改善点をご指摘いただければ著者として望外の幸せです。また、そうした意見を入れて皆様とともに第２、第３の野菜寿司シリーズを刊行していきたいと考えています。

安田修康（寿食品株式会社）

野菜の寿司ねた（目次）

野菜の寿司ねた

⑦ アスパラガス
Asparagus

産地／春：長崎県・佐賀県　夏：長野県・福島県
収穫時期／5月～6月(露地もの)。輸入も多く、通年
特色／グリーンアスパラは、ビタミンC・E・B群が多い緑黄色野菜で疲労回復に効果のあるアスパラギン酸を多く含む。
ホワイトアスパラは土寄せして軟白栽培したものでやわらかな食感を楽しむものと言えます。

調理のポイント

- 根本部分を持って、自然と折れるところが柔らかいところと硬いところの境目です。
- 折らずに使う場合は硬い部分の皮をピーラーで剥きましょう。
- 沸騰した湯に1％の塩で1分～2分(太さによる)茹でて冷水で冷やします。
- レンジの場合は500Wで1分半ほど調理します。
- 素揚げは揚げ油を160～170℃に熱し、野菜を素揚げにし、熱いうちに冷ましたつけ汁に浸します。

アスパラ。
細いものが使いやすい。

天ぷら
お茶漬けしょうがを混ぜたシャリ

アスパラはだしにつけ込み
サーモン塩しめ
トッピングはマスタード

ゆで握り

細いアスパラを使用。下部の固いところは切り落としてから茹でる。
色が出たら冷水につけ、水切り後、握る。
出汁に一晩漬けたもの。

アスパラ昆布じめ　ゆず味噌のせ

大トロ炙り　焼きアスパラ

② アスパラソバージュ
Asperge Sauvage

アスパラソバージュ

産地／フランス

収穫時期／5月の連休頃に輸入（4月〜5月初旬まで）

特色／日本で出回っているのはオルソニガラム。高血圧予防。グリーンのきれいな素材で、味は少しぬめりの有る感じで甘味もあります。スパゲティーの素材として使われている。茹で上げて冷水で戻し水切り後、出汁（昆布・かつお節）に一晩漬けておくと和風の商材になります。また、今は輸入が少ない商品ですのでちょっと変わった看板商品になります。

調理のポイント

- サッと下茹でして使います。炒めるときはバターやオリーブオイルなどを絡めるように加熱します。
- 適当な長さに切りサッと塩茹で握り鰹節を振り掛けても美味しいです。
- 天ぷらも長いまま衣を付けて揚げます。この場合は下茹でせず、生のまま揚げてよいです。
- アスパラガスと同じようにベーコンを巻いて焼いたり、茹でたものに生ハムを巻いたりお寿司と一緒に一品料理として出すのもよいでしょう。

ゆで

軍艦まき サーモン ゆでアスパラ

辛子マヨネーズ ゆでアスパラ

塩天ぷら

野菜の寿司ねた

③ いんげん・いんげん豆
Kidney Bean

いんげん　細いもの

産地／千葉県・福島県　鹿児島県。

収穫時期／６月～９月

特色／原産地は熱帯アジアでマメ科フジマメ属。日本には隠元禅師が中国から種を持ち帰ったと言われています。

さやがやわらかく淡い緑色が均一のものが新しいものになります。

調理のポイント

- 両側の筋を取り塩小さじ１を入れ沸騰したら中火にし、いんげんを入れ１分半茹でます。１本食べて確認する。少し固いくらいが余熱で程よい固さになります。
- 新鮮なうちに下ごしらえをするのが美味しい。茹で氷水につける。出汁に漬けて（一晩）使用する。氷水にさらし過ぎると、栄養分や旨味が逃げてしまう。
- 炒める場合は手早くサッと炒め素材のシャキシャキ感を残すとよい。
- たくさん買った場合は下ごしらえして冷凍しておく。

ゆでにぎり　味付けはお好みで

いくら　刻みいんげん

素揚げ
炒め握り　味付けはお好みで

えび　ゆでいんげん

炒め　食べるらー油

④ うど（東京うど）
Udo Sakad

産地／東京野菜（三多摩、特に北多摩地区）
収穫時期／12月〜2月
特色／軟化栽培。白いうどは穴倉や温室で光合成させないように育てる。根元のほうは太く、先の部分は細く枝になる。天然の物より灰汁が少なく、大きく栽培できる江戸時代から続く栽培方法である。

調理のポイント

- うどはアクが強く切ったそばから変色します。アクの成分は皮の付近にあるので、厚めに皮をに剥くときれいに仕上がります。
- うどを4〜5cmのぶつ切りにし、厚めに皮を剥きます。皮を剥いたうどを、調理法に合わせて切ったら、酢水に5分浸けてアク抜きをし、しっかりと水気を切ります。
- 切り方は使用法により短冊切り、拍子切り。千切りなどにします。
- 生のままシャキシャキ感を残し握り寿司のトッピングや巻き寿司に入れてもおいしいです。
- 生のシャキシャキ感を味わうなら酢味噌和え。香りを楽しむなら含め煮に、厚めに切った皮は捨てずにアク抜きしてきんぴらに、葉先は天ぷらに活用します。

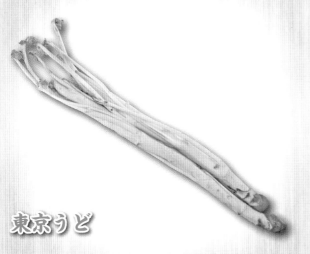

東京うど

しょうゆと出汁に一晩つけたもの

赤梅酢と出汁に一晩つけたもの

うど天ぷら握り、針しょうが

生ウドのゆかり飯の裏巻き

うどの輪切り 天ぷら穴子のせ　甘だれ

きんぴら握り

梅干・梅肉
Umeboshi

白梅干　　赤梅干

梅干

産地／和歌山県（南部、田辺）、神奈川県（小田原）が有名。全国的にとれる。

収穫時期／6月

特色／クエン酸で疲れ知らず！　梅は三毒を断つ！非常に酸味が強く、好き嫌いの分かれる食品でもある。梅肉を調味料と混ぜることで梅ソースとなり、野菜サラダなどのソースとしても使える。

作り方

● 梅干しの種を取り除き、包丁でたたくように刻む。大葉と一緒にたたくことにより、香りが出る。赤しそ（漬け物）と一緒にたたくことにより、赤い梅肉ができる。単独でもいいが、キュウリ、大根（千切り）や魚類と一緒にすることもでき、常備種に適している。市販の練り梅もよい。

生梅＋塩（20%）で白梅酢ができる。
赤しそ＋白梅酢＋塩で赤梅酢がとれる。この梅酢、赤梅酢は、生姜を漬けたり、茗荷をつけたり、その他の味付に使われる。

藤の花　梅肉、青しそ

唐子海老
梅肉のせ

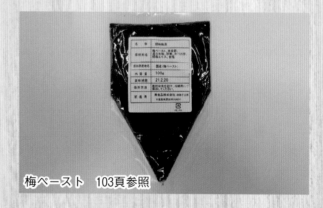

梅ペースト　103頁参照

長芋、梅きゅうり

梅肉

⑥ うるい （雪うるい）

雪うるい

炒め、
ゴマ酢飯うら巻き

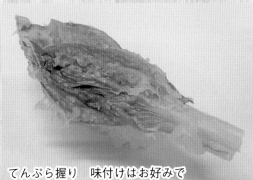

てんぷら握り　味付けはお好みで

バター炒め握り

産地／山形県
収穫時期／2月
特色／光を当てずに栽培する。それによって柔らかなうるいになる。山菜「うるい」は、料理もカンタン。栄養たっぷり。ネギに似た白い筒状の軸と大きな葉が特徴。ビタミンCたっぷりで、とてもおいしい。東京の桜の満開宣言も出される頃、春の息吹が感じられ、山菜の美味しい季節。「雪うるい」は山形のブランド名。オオバギボウシの若葉。別名ウリッパ・アマナ・ギンボ他。生でも食べられる。

調理のポイント

- 若い新芽を食べる春の山菜で、アクがないので普通の野菜感覚で食べることができます。
- うるいはサッとゆでて和え物にすることが多いですが、揚げても、炒めても、煮てもおいしい万能山菜です。
- 柔らかいので、普通に火を通しただけで柔らかくなり風味が損なわれてしまうので、サッと加熱するのがよいでしょう。
- 春には栽培ではない自生ものも出回りますが紫っぽいものは苦味が出てきます
- サラダ感覚で巻き寿司にしたり、浅漬けにして握り寿司にしても良いでしょう。

作り方／湯を通し、出汁に漬け調味料をトッピングする。

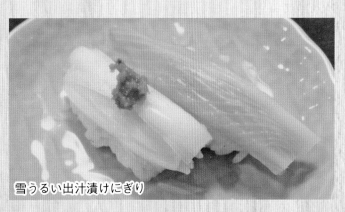

雪うるい出汁漬けにぎり

生の雪うるい巻きもの

⑦ えのき茸（エノキタケ）
Chinese Hackberry

えのき
ブラウンえのき

産地／菌床栽培

収穫時期／工場における瓶栽培によって1年中出回る。

特色／タマハリタケ科のキノコの1種。100g当り22kcal。カリウム340mg。エノコキトサン（多糖類の食物繊維）ダイエットに有効成分。フラムトキシンが含まれているので要加熱食材。天然のえのきは黄褐色で傘が大きく、形も全く別なものです。エノキダケ、ナメタケ、ナメススキ、ユキノシタとも呼ばれ食用のものは「えのき」と縮めて呼称されます。

調理のポイント

● 根元の菌床とおがくずが付いている部分さえ切り落とせば、あとは食べられるので切りすぎないように。

● ほぐす時は竹串を使うと細かくほぐせます。

作り方／ゆでる、天ぷら、バター炒め

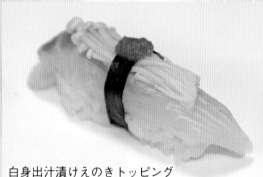

白身出汁漬けえのきトッピング

バター炒め　唐辛子味噌

炒め　あなごきゅうり、甘だれ

えのき天ぷら巻き

えのき炒め　あなごの巻きずし

⑧ エリンギ
Pleurotus Eryngii

産地／愛知県、九州、新潟県。

収穫時期／周年栽培。

特色／ヒラタケ科ヒラタケ属の1種。100g当19kcal。ヨーロッパでおなじみ、でも日本では新顔です。ノンカロリーで、ビタミンB1、ミネラル、食物繊維も豊富。さっぱりとしたくせのない味です。

調理のポイント

● 包丁で切らずに繊維に元から上に沿って手で割き、食感を活かしてもいい。

● 肉厚で弾力があるものは食感も良く、じっくり焼くと香りがぐっと強く立ちます。

● 乾燥しても水分を含んでも味が落ちます。他のキノコ類と同じように扱い3～4日で使うようにします。

エリンギ

油焼き、かつお粉まぶし
たまごにぎり

まぐろ炙り焼き炒めエリンギ

エリンギバター焼き巻き

油焼き　オリーブオイル、塩、こしょう

天ぷら巻き　天ぷら、もろみそ

⑨ おかひじき
Salt-wort

おかひじき

産地／施設栽培は山形県、長野県。その他日本各地、日当たりのよい海岸の砂浜や砂礫地、塩性地などに生育。

収穫時期／春から秋にかけ数回収穫。虫がつかないので無農薬栽培です。

特色／アサガオ科オカヒジキ属。別名ミルナ（水松菜）100g当り17kcal。イタリアの高級食材「アグレティ」とよく似ていますが、同じアカザ科の別属です。海藻のヒジキににているから「おかひじき」、他に「水松菜」「みるな」「おかみる」。カリウムをはじめミネラル豊富。緑黄色野菜ですから、カロチンも豊富です。現在出回っているのは栽培ものが多く、シャキッとした歯ざわりが特色。

調理のポイント

● サラダや天ぷらなど、生のまま使う場合は、シャキシャキした食感を活かすため、あらかじめ氷水に浸け、シャキッとさせておくと良い。

● 和え物や汁物の実として使うときは、そのままでも使えますが、さっと下茹でしてから冷水につけて使うと、鮮やかなグリーンが引き立つようになります。

● オカヒジキは本来少しアクがあるので、下茹でしたものを調理する場合が多い野菜です。茹でる方法は、沸騰させている湯に、約2％程の塩入れ1分から1分半程度、サッと茹でます。

● 冷めたらすぐに水気をよく切って保存容器に入れて冷蔵しておきます。

ゆで握り　おろし生姜

ぐんかん　おろし生姜、おかか

おかひじきの天ぷら巻き
サーモン焼き、甘だれ

ゆで　サーモン焼き
白ごま

巻きずし

⑩ おくら
Aibika

おくら

産地／鹿児島県、高知県、千葉県（房総）原産地はアフリカ

収穫時期／7月〜9月

特色／アオイ科アオイ属。ペクチン、ムチン、ガラクタン、⇒コレステロールを減らす。夏バテ防止。ペクチンでネバネバする。生育が早いので、大きさや硬さが要求される。収穫は早朝と夕方の2回しているところが多い。

作り方／さっと茹で、輪切りにして長芋などと混ぜて味付けし軍艦で。茹でて縦半分にして握る。炙って握るなど工夫によりおもしろみが増す。

調理のポイント

● 茹でる前に塩をこすりつけるようにして洗うと産毛が綺麗に獲れ、色が鮮やかになります。

● 縦に切ったり輪切りにしたり、細かく刻んだり、いろんな切り方がありますが、細かく刻むほどネバネバがたくさん出てきます。

天ぷら握り　焼き魚のせ

焼きホタテ　オクラのせ

グンカン　オクラきざみ、マヨネーズのせ

マグロ、おくらのせ、酢味噌

出汁づけ　揚げみょうが

オクラ巻きずし
マグロ、白身
エビ、オクラ

⑪ かぼちゃ（南瓜）
Pumpkin

かぼちゃ

素揚げ握り

煮ものにぎり

天ぷら　味付けはお好みで

手まり寿司　蒸しカボチャ

産地／原産は南北アメリカ大陸、主要生産地は中国、インド、ウルグアイ、アフリカ。日本では北海道が１位。各地で品種が多種。

収穫時期／５月〜９月中旬

特色／日本かぼちゃと西洋カボチャでは肉質、味わいなど性質がかなり異なるので、料理によって使い分けたほうがよい。日本かぼちゃはねっとりとした肉質を活かし、煮物にすると美味しい。カボチャは水分量が少なくデンプン質が多いので、電子レンジを使った加熱に向いた食材です。炒め物や焼き肉などの場合、カボチャは焦げやすいので、あらかじめ電子レンジで火を通しておくことで、短時間にさっと炒めたり焼いたりして美味しく食べられます。また、かぼちゃは生のままだと非常に硬いので切る前に、電子レンジに２分くらいかけると切りやすくなります。

調理のポイント

電子レンジ／カボチャは水分量が少なくデンプン質が多いので電子レンジを使った加熱に向いた食材です。かぼちゃは生のままだと硬くて切りづらいので切る前に電子レンジに２分くらいかけるととても切りやすくなります。

炒める／炒める場合カボチャは焦げやすいので、あらかじめ電子レンジで火を通しておくことで、短時間にさっと炒めることができます。

保存／かぼちゃの保存に適した温度は10度〜13度、新聞紙に包んで逆さにして涼しいところに保存。カットしたものは早く使うこと。

蒸しカボチャ、煮かんぴょうがけ

食用菊（安房宮）

産地／愛知県、山形県、福井県、青森県
収穫時期／9月～11月
特色／食用の花として江戸時代から伝わっている。色合いが美しく食べた後の香りが残るため、季節を感じられる。解毒効果がある。
安房宮：黄色の大輪八重種で秦の始皇帝の宮殿の名前からとったとも言われています。おもな産地は青森県。この外に、もって菊とよばれ江戸時代に殿様がこれを町人が食べるのはもってのほかと言うことから名前が付いたといわれています。安房宮は乾燥させて板状にしたものや薄い酢でゆで上げ、冷凍になったものがある。※ここでは後者を使用。9月9日重陽の節句には杯に菊の花びらを浮かべ不老長寿を祈念するならわしもある

調理のポイント

- 茹で／食用菊は色が命です。下茹でする際には必ず酢を少し加えてゆでてください。酢をいれることで、きれい黄色に仕上がります。
- 茹で方／湯を沸かし酢を入れます。水1リットルに対して30～50cc程。沸騰し、しんなりとしたら茹で上がりです。茹で上がったらすぐにザルにあけて氷水か流水など冷水にとり色止めをします。
- すしでは巻き寿司や握りずしのトッピングとして使用することが多いです。黄色と香りが特色なのでそれを活かして季節感を出すとよいです。

間にゆでた菜の花、菊を斜めに並べ
キュウリの裏巻きを乗せて巻く

きく、菜の花の手綱巻き
（芯にきゅうり、甘酢生姜）

晩菊（山形のつけもの）ときくの巻きもの

菜の花ときくの手巻き風

寿司盛り込み

産地／熊本県（中国からの乾燥輸入品が多い。）
収穫時期／６月〜９月（乾燥ものあり、通年）
特色／キクラゲ科のキノコ。

春から秋にかけて広葉樹の倒木や枯れ枝に発生するが、菌株栽培のものが多い。ぷりぷりした歯ごたえが良く、中国料理にも使用される。

調理のポイント

茹で上げてから味付け、または煮込んで使用。見た目には鮮やかさはないが、独特の食感や味を利用する。また、何かと和えるのもよい。

● 生のキクラゲはそのまま使えて美味しい。生の物は戻す手間が無く、しかもぷりぷりしていてとても美味しいです。そのまま切って炒め物などに使えます。

● さっと茹でて適度に細切りにして熱湯をくぐらせ、和え物やサラダ、スープの具など色々な料理に添えられます。

きくらげ

きくらげ笹巻き
菜の花、菊酢漬け

いなり皮巻き
海苔代わりに稲荷揚げで
きくらげや他の具材で巻く

煮物、手まりずし

天ぷら握り
味付けはお好みで

きくらげ、青菜漬け、白ごま

⑭ キュウリ (胡瓜)
Cucumber

きゅうり

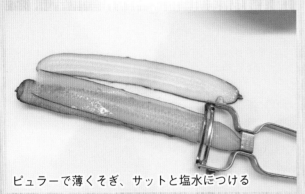

ピュラーで薄くそぎ、サットと塩水につける

水気をふき取りグンカン巻きにして

手まり
手まりにしてくるみ味噌

産地／全国

収穫時期／5月～8月

特色／水分が多く、低カロリーであるため、ダイエット向きの食材とされている。ミネラルが豊富。
もろきゅう：もろみ味噌をつけて食べるきゅうりのこと。

作り方／軍艦の海苔代わり。梅や胡麻と合わせて巻く。

きゅうり、ミニきゅうりの調理のポイント

- 両端部分には苦味成分が含まれているので、端を少し切り取ったほうがいいです。付け根の皮も厚めに剥き取りましょう。まっすぐなきゅうりはまな板に塩を多めに振り板ずりをします。

- 曲がったきゅうりは塩をつけて手もみしてもよいです。色止めと青臭さを抑えます。

- すし屋では、カッパ巻きの他、ちらし寿司や刺身のつま、最近では桂剥きにして軍艦海苔の代わりにしたり、ロール寿司の周りにかぶせたり色々使います。

三色握り　マグロ、長芋、キュウリ、酢みそ
拍子きりにして握る

(フリーダム) いぼなしきゅうり品種の浅づけにぎり

金針菜

利用。産地／中国、台湾、タイ

収穫時期／6月～10月

特色／ミネラル分が多い。中国南部が原産。ホンカンゾウというユリ科の植物で、蕾は緑の固めのもの。開花前の物は黄色の蕾で、花粉の中にはたくさんの栄養が含まれている。花の甘味とちょっとしたヌメリのある食材で、中華料理やナベなどに使われる。シャキシャキした歯ごたえが楽しめる。グリーンと黄色で色がきれい。中国では漢方薬として使われている。

調理のポイント

● 生の金針菜は使用せず必ず加熱して使用する。塩ゆで1分ほどがシャキシャキ感もありおいしいです。ゆですぎには触感が悪くなります。

● すしに使うときは茹でたものを調味料と和えて軍艦にしたり、巻きずしに入れてもよいでしょう。さっと揚げたものを2～3本握って食べてもおいしく、珍しい野菜なのでおもしろい食材です。

茹で握り　味付けはお好みで

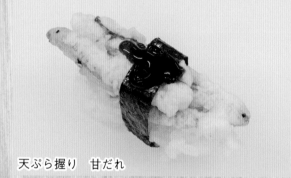

天ぷら握り　甘だれ

炒めグンカン　おろししょうが

＜調理例＞

ゆでる

冷水

金針菜の出し漬けにぎり

茹で上げ、出汁に1晩つけ利用。色褪せしないように空気に触れないようにラップで密閉。

⑯ 紅芯大根
Koushindaikon

紅芯大根原料

産地／各地で（中国系大根）輸入も多い。
収穫時期／9月～10月中旬
特色／外皮は緑で中はピンク色。甘みが強く、酸とアントシアンが反応してきれいな赤紫に発色する。

作り方／外皮は固いので厚くむき、スライスして薄い塩と強めの酢水に漬けて置く。一晩冷蔵庫で発色させる。

調理のポイント
浅漬けなど漬物にすると色が全体に周り赤い漬物になります。塩だけでもんだだけでは色はあまり変わらないので、薄くスライスしたり細切りにしてから振り塩をしてしばらくなじませると、そのままの色をいかせます。スライスしたものを酢に浸すと紫っぽい色から鮮やかな赤に変わります。甘酢漬けなどにすると綺麗です。しんなり使いたいときは塩を使用、パリッと使いたいときは水にさらす。どちらかというと生で使うことが多いでしょう。

紅芯大根油炒め、海老、稲荷船

紅芯大根包、長芋千切り、稲荷揚げ

浅漬け（酢と塩で）にしたものをくらかけにぎり

紅芯大根つけものにぎり（二色）

紅芯大根、キュウリ、長芋、サラダ握り、胡麻ドレッシング

77 こごみ
Kogomi

こごみ

天ぷら握り　味付けはお好みで

こごみにぎり茹で出汁漬け

産地／山道の道端、日当たりよく水はけがよい湿った斜面などに群生。

収穫時期／5月～6月中旬

特色／クサソテツ（オシダカ科の多年生シダの一種）、別名：コゴメ、カンゾウ、ガンソウ、カクマ。若芽はコゴミという山菜のひとつ。

作り方／わらびほど強くない独特のぬめりがあり、ゼンマイと違ってアクがない。標準名はクサソテツですが、尖端が巻き込んだ若葉の姿がかがんでいるように見えることで、ココミ又はコゴメなど山菜名で呼ばれている。シダ類のなかで最もおいしいといわれる。

● 2～3日の冷蔵保存

コゴミはそれほど日持ちが良い物ではないので、鮮度が良いうちに食べるようにしましょう。保存する場合は、洗わず乾燥しないように新聞紙などでくるみ、呼吸できるように穴をあけた袋などに入れて冷蔵庫の野菜庫に入れておきます。採ってきたものなどは枯れ草などのゴミが付いている事が多いのでさっと水洗いしてゴミを取り除きます。水1Lに対し20gの塩（2％）を加えて沸騰させ、そこに洗ったコゴミを入れて茹でます。茹で加減は用途にもよりますが、和え物などの場合は1分～2分位でしょう。茹であがったらすぐに氷水に落とし、色止めします。

茹で、からしマヨネーズのせ
からし味噌のせ

産地／北海道
収穫時期／7月〜9月

特色／コンブはカロリーはほとんど無く、ナトリウム・カリウム・カルシウム・マグネシウム・鉄・リン等のミネラルが多く含まれ、食物繊維が多いぬめり成分にアルギン酸やフコイダンが含まれる。

真昆布：函館、室蘭地方でとれる幅広で厚みのある最高級品。銘柄　白口浜、黒口浜、本場折浜、茅部浜

利尻昆布：利尻、礼文島を中心に、留萌、知床半島等広い地域でとれるもの。真昆布の一種と言われます。済んだ上品なダシが取れるので懐石料理に使われています。

羅臼昆布：羅臼を中心に知床半島の一部の地域でとれる真昆布と並ぶ高級品。ややにごりますが香りとコクともに良いだしで、塩昆布やつくだ煮、とろろこんぶにもなります。

細目昆布：松前、日神岬から積丹岬の日本海側でとれます。名前通り幅が細目で、1年で採取されます。切り口が白く機械生産のとろろ刻み昆布になります。

日高昆布：室蘭から釧路の手前、日高地方、三石を中心に取れるので三石昆布とも呼ばれています。だしの他、昆布巻き、おでん、煮物用にと、幅広く使われます。

長昆布：根室、国後島にかけて取れます。6〜15mと長いところからこの名前に。もっとも生産量が多く、だしには向かないため早煮昆布、つくだ煮やおでんに利用されています。

作り方／薄い酢水に一晩漬けておき、柔らかくする。その後、型抜きする。濃い目の味付けで煮込む。残りのものも煮込んで、巻き芯に利用。

型抜き昆布のいろいろ

さばにぎり　煮昆布はさみ

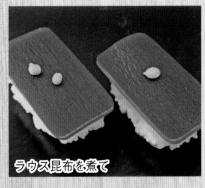

ラウス昆布を煮て

型抜きずし

18-2 昆布じめの野菜

野菜の昆布しめのいろいろ（その他お好きな野菜で試して下さい。）

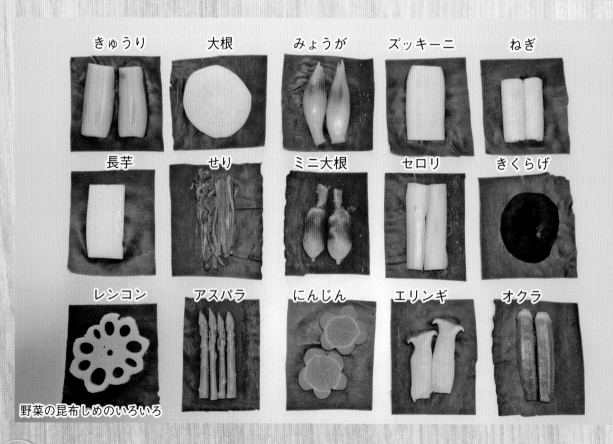

きゅうり	大根	みょうが	ズッキーニ	ねぎ
長芋	せり	ミニ大根	セロリ	きくらげ
レンコン	アスパラ	にんじん	エリンギ	オクラ

野菜の昆布しめのいろいろ

何れも時間は短めで

キュウリ	塩水漬け
大根	塩水漬け
ミョウガ	塩茹で
ズッキーニ	塩茹で
長ネギ	蒸し、レンジ
長芋	生
せり	塩茹で
ミニ大根	塩漬け
セロリ	塩漬け
キクラゲ	湯通し
レンコン	湯通し
アスパラ	湯通し
人参	湯通し・レンジ
エリンギ	蒸し・レンジ
オクラ	湯通し

昆布のしめ方

葉物や切り付けの薄いものは〆時間を短めに。

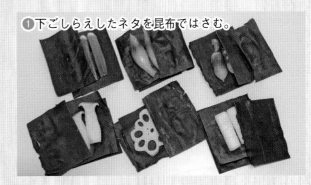

❶下ごしらえしたネタを昆布ではさむ。

❷ラップなどでしめ、それぞれ時間を決める。

❸頃合いの良い野菜から使用する。

昆布じめ丼

まぐろ・白身・人参・えりんぎ
みょうが・きゅうり

いか・まぐろ・白身・せり・ミ
ニ大根・長芋・おくら

まぐろ・長ネギ

長芋　　おくら　　かぼちゃ　　セロリ

せり　　長ねぎ　　きゅうり　　きくらげ

人参　　れんこん　　みょうが　　アスパラ

㉙ さやえんどう（絹さや）、えんどう豆
Podded pea

サヤエンドウ

スナップエンドウ

産地／全国
収穫時期／5月～6月、ハウスで周年
特色／えんどうを早採りしたもの。美しい緑色と優美な
曲線は日本料理には欠かせない素材です。

エンドウ
収穫時期／キヌサヤ
　11月～3月　鹿児島、和歌山、静岡、愛知
　4月～6月　千葉、群馬、福島
　7月～10月　岩手、山形、青森、北海道
原産地は中央アジアから西アジアと言われている。古代
ギリシャ、ローマ時代から栽培されていた。

さやごと食べる／サヤエンドウ、中の実を食べる／エン
ドウ豆

すしに使用するのはサヤエンドウの中でも絹さやと呼ば
れるやわらかいものが圧倒的に多い。他にもスナップエ
ンドウ・グリンピース（豆）・シュガーピース等品種も多い。

調理のポイント
● 冷凍する場合は、一度さっと塩茹でしたものを小分け
　して冷凍します。よく水気をきり、重ならないように
　ラップなどに広げて冷凍し、凍ってからジップロック
　などに入れて冷凍します。（使う時は流水にさらすかレ
　ンジで解凍）

塩茹で
梅生姜酢飯

茹できぬさや、海老

塩茹で　おかか

茹できぬさや、生ゆばグンカン

㉓ 山椒の実（青山椒、実山椒）
Japanese pepper

実山椒

茹であげ後、冷凍したもの

実山椒 40g

あなごつくだに握り

うなぎつくだに握り

産地／和歌山県（約80％）

収穫時期／6月

特色／果実の辛み成分はサンショール。サンショアミド、不飽和脂肪酸イソブチルアミド。食欲増進、抗殺菌効果高く古くは虫下しとして使われていた。ミカン科サンショウ属の落葉低木。若葉は木の芽。山椒の実のなるのは雌株のみ。直径5㎜ほどの果実は初め緑色で9月から10月頃赤く熟し黒い種子となる。

山椒

ミカン科・サンショウ属

若芽、花、実、を香味として用い独特の辛味と風味があります。春の若芽は木の芽といい、手の平でパンとたたいて吸い物や煮物、焼き物に添えて香りと緑の色を楽しみます。黄緑色の小さな花は吸い口や佃煮に利用。初夏に出回る青い実山椒はゆでて水にさらしてアクを抜き冷凍すれば一年中使えます。中国産のものは花椒（ホワジャオ）と呼ばれ、これは中国料理に使います。

実山椒

最近では生の実山椒がデパートやスーパーでも売っています。

茹でる／湯に塩と実山椒を入れ沸騰したら弱火にして5分ほど茹でる。

アク抜／茹でた実を2〜3時間冷水にさらしアク抜きをして水気をよく拭き、真空包装して冷凍しますと一年は保存可能です。これと昆布の煮物、シラスの佃煮等様々に使えます。ここではうなぎ、穴子の実山椒の佃煮をすしにしてみました。

調理のポイント

● 下処理をすれば1年は冷凍保存できるし、何かと料理に使えます。実山椒の収穫時期は初夏。

● 保存／直ぐに使わない場合は、小分けにしてラップやフリーザーバッグでしっかりと密閉し、冷凍しておけば1年は保存可能。

● 昆布の煮物や焼き物などに重宝する、うなぎ、穴子の寿司などに使用しても良い。

21-1 しいたけ（生しいたけ）
Shiitake

生しいたけ

特色／ビタミンB群が多くエルゴステロールは紫外線にあたると骨の形成に欠かせないビタミンD群に変化します。血中コレステロールを低下させるエリタデニン、旨み成分であるグアニル酸は加熱すると増加し香りと旨みがアップします。春子（3月〜5月）は旨みが強く、秋子（9月〜11月）は香りが良いです。

調理のポイント
水で洗うと風味も栄養も流れてしまうので汚れは布巾やペーパーで拭き取りましょう。

焼き握り

油焼き　あぶり白身

天ぷらのせ　味付けはお好みで

バター焼き

しいたけ入り出汁巻玉子

油焼き　大根おろし　ポン酢　酢飯

野菜の寿司ねた　31

しいたけ（乾物しいたけ）
Shiitake

乾物しいたけ

産地／大分県、静岡県　伊豆のもの（清助しいたけ）
収穫時期／12月〜2月（乾物は通年）

調理のポイント
かるく洗浄後、一晩水で戻す。戻し汁・醤油・酒・みりん・砂糖で煮る。煮あがったら、一晩漬け置く。肉厚でしいたけの香りがあり原木しいたけの良さが出ている。古文書では寛保元年（1741年）に伊豆天城の石渡清助（せいすけ）が日本で初めて椎茸の人工栽培を始めたといわれている。静岡県きのこ総合センター振興協議会が認定した伊豆産の上質なものだけを「清助どんこ」「清助しいたけ」とブランド化し全国乾椎茸品評会、全農乾椎茸品評会で農林大臣賞など両品評会合計126回も受賞している。

煮しいたけきざみ玉子焼きぐんかん

煮しいたけ、茹で海老、手綱巻き

海老
きざみ煮しいたけ
ぐんかん

煮しいたけ細巻き

しそ（紫蘇、大葉、手の平大葉）
Shiso

産地／全国的ですが、愛知県の大葉が多いです。（手の平大葉は青森産）

収穫時期／露地7〜8月・ハウス周年

特色／中国産の一年草、日本で古くから栽培されている香味野菜です。葉が緑色の青じそは大葉とも呼ばれ独特の芳香が薬味や、つま、として料理に生かされます。赤じその葉は大体漬物（梅酢と塩）として利用されそれから出た赤梅酢は、紅生姜やちょろぎ等の色付けに利用されます。又、しその実も漬物等に利用されます。特に大きく育てたものが手の平大葉（青森産）として流通しています。

手の平大葉

しその実

赤しそ漬け物

手の平大葉
太巻き

刻み梅巻き山芋のせ

大葉太巻き
まぐろ、えび、おくら等

千枚漬け菜の花　きく

笹巻き

産地／京都　亀岡市篠地区、滋賀県大津市

収穫時期／11月〜3月

特色／関西を中心に分布する大型のかぶ。大きいものは4kgにもなる。肉質は密で柔らく上品な甘みがあり特に昆布と一緒に漬けられ名産の千枚漬けになる。京料理のかぶら蒸しはこの聖護院かぶ。冬の京漬物には欠かせない一品である。千枚漬けは聖護院かぶを薄くスライスして塩漬けしたものに、昆布などを挟み、砂糖や酢などで漬け込んだ漬物で、下漬けと本漬け合わせて1週間弱の工程を踏むが、長期保存には向いていない。11月から3月頃までが聖護院かぶの収穫期で、千枚漬けは冬の時期限定のグルメで、日が経つにつれて酸味も増してくるので、酸味が強くない漬物を好む方は、できるだけ早く食べ切ることをおすすめしたい。

笹巻き

海苔巻き4つ切りと千枚漬け

グンカン

菜の花　きくらげ

千枚漬　菊花　芽ねぎのせ

細巻きを切る　寿司ねたサイズの千枚漬けを乗せる

グンカン風

白まいたけ

産地／新潟県

収穫時期／周年ハウス栽培

特色／サルノコシカケ科マイタケ属。形はマイタケと同じ。色が真っ白、又は少しクリーム色が入っている。通常のマイタケは煮汁が茶色くなりますが、白マイタケは色がでませんので、クリームシチュウや白く仕上げたい料理に向いています。雪国まいたけでは、黒の「極 きわみ」と白の「雅 みやび」でブランド化。

調理のポイント

マイタケは根元を切って繊維に沿って手で裂くようにして扱いやすい大きさに分ける。煮すぎ、炒めすぎは、まいたけの食感を損なうので気をつけましょう。マイタケはパックのまま低温でも良いし天然のものは新聞紙で包み、ビニール袋に入れて野菜室に入れましょう。

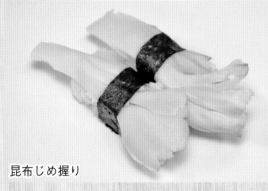

昆布じめ握り

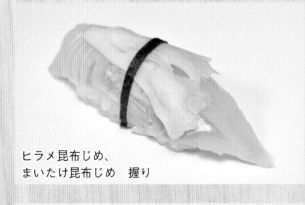

ヒラメ昆布じめ、
まいたけ昆布じめ　握り

バター炒め　あなご、きゅうり、白ごま

バター炒め握り　味付けはお好みで

バター炒め　あなご巻き

収穫時期／10月〜2月。販売は周年。

特色／べったら漬用の白首大根が原料。

皮を剝ぎ—塩漬（3％）—調味、米麹と米飯の漬もの。10月の19日、20日の両日はべったら市として東京を代表する漬物である。

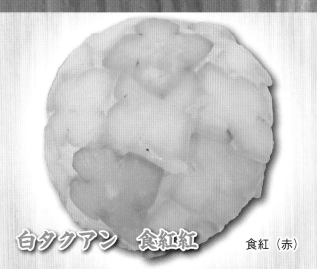

白タクアン　食紅紅　　　　　　食紅（赤）

あじさいてまり寿司　　　　　　食紅（青）

赤じそふりかけ

● べったら漬けの紫陽花、作り方

❶ 4〜5cmのべったら漬けを四角の断面に切る

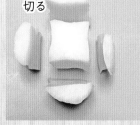

❷ 中央をV字の溝に切る

❸ あまり深く入れないように切る

❹ ペーパーに包んで赤紫蘇ふりかけに水を含ませた液に色がつくまで漬ける（梅の液や着色料を使っても良い）

❺ 柚子やレモンを細切りにする

❻ 中央に串や箸で穴をあける

❼ 柚子を両側から差し込む

❽ 薄切りにして使う

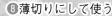

㉖ 新ごぼう
Edible Burdock

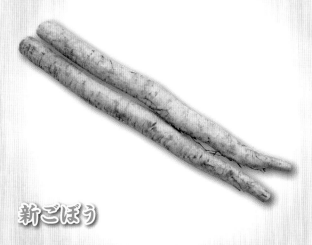

新ごぼう

かぶと煮

産地／宮崎県、千葉県、他

収穫時期／1月～3月～8月

特色／新ごぼうと呼ばれるものは、晩秋から冬収穫されるのに対しそこまで大きくなるまで育てず、秋に植えたものをある程度育った初夏に収穫した若どりのもの。完全に成長しきっていないためやわらかく風味も一般的なごぼうと比べ上品で優しい香りがします。別名「夏ごぼう」と呼ばれ柳川鍋は欠かせない食材として知られています。水溶性、不溶性共に食物繊維豊富、便秘解消に効果大。不溶性食物繊維の「リグニン」は腸内の発がん性物質を吸着し、大腸がんの予防効果があるといわれている。イヌリンも豊富でイヌリンは血糖値を改善する働きや整腸効果があるといわれています。カリウム、カルシウム、マグネシウム、ミネラルも豊富。

下処理／まず、ごぼうを洗いますが、タワシでしっかりと洗い、皮は剥きません。皮やそのそばに大切な香りや栄養素が含まれているので、皮ごと調理します。ゴボウはアクが強く、切った途端に茶色く変色してきます。これはポリフェノールと酵素が結合してタンニン鉄に変化してしまうからなのですが、こうなってしまうとエグミなどが出て料理がまずくなります。切ったらすぐに水か酢水にさらします。

かぶと煮の具材
ゆでみつば

かぶと煮巻き

天ぷら握り　おかかトッピング

ごぼう天ぷら焼き
穴子みつば

ごぼう天ぷら　あなご巻き

素揚げ握り　塩、すだち

野菜の寿司ねた ㊲

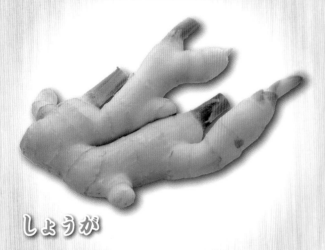

しょうが

収穫時期／7月～10月

特色／葉生姜や谷中生姜の場合は、茎が太すぎないものが良いです。葉先の色が青々としたグリーンのものを選んでください。

● しょうがの調理保存ポイント

　ショウガを買ってもなかなか使いきれず半分くらい傷んで捨ててしまうという事もあるでしょう。数日で使い切るのであればラップをして冷蔵庫に入れてください。長期間保存する場合は瓶やタッパーに水を張り、そこに使いかけのショウガを入れて蓋をしておくと数日おきに水を換えるだけで1カ月程は大丈夫です。冷凍する場合は、使いやすいように、すりおろすか、細切りやみじん切りに刻んで小分けした物をラップで包み冷凍しましょう。新ショウガは包丁ではなくスプーンで皮を落とすようにすると無駄なく使えて良いものです。繊維に沿ってスライスすると食感がよくなるので、スライスして甘酢などにつける場合は、切り方にも注意してみましょう。細かい配慮をすることで新鮮なみずみずしい食感を楽しむこともできます。

スモークサーモン巻き　きゅうりきざみ　甘酢しょうが

生ハム巻き　アボカド　ガリ千切り

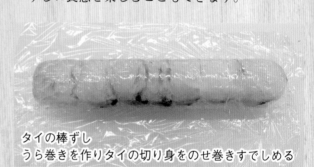

タイの棒ずし
うら巻きを作りタイの切り身をのせ巻きすでしめる

サンマの押しずし
お茶漬け生姜混ぜ酢飯

ガリ　キュウリ　しょうゆ漬　しょうが

27-2 新しょうが
Ginger

生姜

代謝を活発にし、抗菌抗酸化力がある。世界中で広く利用されている薬効の高い植物です。辛味の主成分はジンゲロールで加熱するとショウガオールに変化します。どちらも血行を良くし体を芯から温めるので風邪の引きはじめや冷え性に良いと言われている、抗菌抗酸化作用があり老化やガン予防にも期待がある。品種は色々あるが、一般的には形で、大生姜・中生姜・小生姜に分けられる。

大生姜／高知のハウス物は新生姜として1月頃から売られているが、やわらかい方がすじも少なくおいしい。収穫7月～11月で露地ものは一般的に古根として通年ある。

中生姜／房総産中太生姜（千葉県）は加工用に最適である。収穫時期はガリ生姜用には9月中旬から9月の末に収穫してしまい、梅酢と塩で漬け込んでおく（塩蔵保存）。10月～10月末に収穫したものは紅生姜として塩蔵保存する。

小生姜／葉生姜として、生で食べることが多い。

産地／高知県、熊本県、和歌山県、徳島県、千葉県
収穫時期／7月～10月　露地
　　　　　　1月から　ハウス（高知）

生姜まつり（はじかみ大祭　6月15日に）波自加彌神社石川県金沢市

ガリ生姜の製造工程

　生の生姜　→　洗浄　→　酸・塩漬　酸アントシアン反応でピンク色に　→　調整　→　塩抜　→　スライス　→　甘酢味付

ガリ生姜

イ）中国原料、日本製造　｜
ロ）中国原料、中国製造　｜　80%
ハ）タイ原料、日本製造　｜
ニ）タイ原料、タイ国製造　｜　10%
ホ）その他の外国原料　国内製造　数%
ヘ）日本産生姜　日本で製造　10%
※パーセントはその年によって違います。大体の%です。

- 甘酢漬け／葉生姜は主に甘酢漬けにし、矢生姜と同じように焼き魚などのあしらいに使われます。魚の臭みも消してくれるうえ、甘酸っぱさと香りが口の中をさっぱりとさせてくれます。
- 醤油漬け／生姜または葉生姜の根茎部分の皮をむいて、太い物は漬かりやすいように半分に割るように切っておきます。それを醤油に漬け込み使用します。
- 葉生姜の天ぷら／谷中生姜または葉生姜は皮をむいて衣を付けて天ぷらにしても美味しいです。また、醤油に数分漬け込んでから天ぷらにすると味が馴染みおいしい天ぷらになります。
- 葉生姜のもろみそ巻き／葉生姜の表面を形良く綺麗に削ぎ、そのままもろ味噌を付けて巻いて食べます。香りがよいです。

筆しょうが

生姜畑

筆しょうが裏巻き

お茶漬しょうが
筆しょうが手まりずし

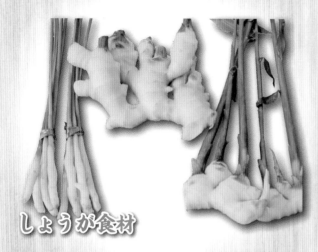

しょうが食材

紅しょうが

おつまみしょうが

しょうが、天ぷら

生姜市

握り

握り
シャリはお茶漬生姜（寿食品）と大葉をきざんだものを混ぜる

㉘ ズッキーニ
Zucchini, Courgette

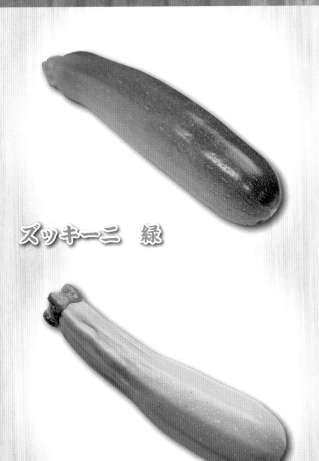

ズッキーニ　緑

ズッキーニ　黄

産地／全国各地

収穫時期／6月～8月　旬は夏

特色／カボチャの仲間である。西洋料理によく使われる。開花後5日～7日の未熟果を使用。皮を剥いでフライパンで軽く焼く。輪切りにしてちょっと色がつくくらい焼いて、醤油・マヨネーズで味つけし、サンドする。成分のククルビタミンという成分が含まれるため、国内では過去、ユウガオ、ヘチマと同じに中毒事例が報告されている。南仏の「ラタトゥイユ」は欠かせない食材。イタリア料理は花も食材。

調理のポイント

焼く／薄くスライスし、さっと茹でたりレンジで少し温めてからバターやオリーブオイルと絡めるだけでもおいしい。焼き過ぎないで歯触りを残すと良い。保存するより新鮮なうちに食べた方が美味しい野菜です。

揚げる／油との相性が良い野菜です。かぼちゃと同じように天ぷらやフライなど揚げ物にも向いています。

煮物／煮物にも味噌汁の具にしてもおいしいです。

漬物ピクルスに／生のまま酢漬けにして、ピクルスにしても美味しい。

＊太さが均一なもので、大き過ぎないものを選びましょう。

＊乾燥しないようキッチンペーパーに包んでからビニール袋に入れましょう。

野菜室で1週間程もちます。

ズッキーニとパプリカの炒め
白身魚の焼き、青しそ

ズッキーニの炒め巻き

天ぷら握り、たべるラー油

レタス、ズッキーニの天ぷら
オーロラソース

ズッキーニの天ぷら巻き

炙りズッキーニにぎり

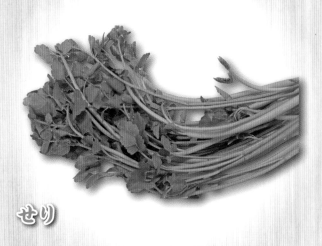

せり

おひたし握り　味付けはお好みで

炒め握り　味付けはお好みで

天ぷら　塩、丼たれ等

産地／神奈川県、愛知県、静岡県、長野県、神奈川県
収穫時期／9月〜5月頃需要が一番多くなるのは年明けの1月〜2月

調理のポイント
● 天然のセリはアクが強いため下茹でした後しばらく水にさらしておきます。
● 茹で方
● 沸騰した湯に塩を入れ根付きのままセリを根から入れます。
＊ 茹でる時間は量や太さ、湯の量にもよりますが茎部分を先に入れ葉を沈めてから10秒程度で良いです。茹で過ぎるとシャキシャキ感がなくなります。
＊ 天然のせりはアクが強いので湯でたらすぐに氷水に入れます。しばらく水にさらしてアクを抜きましょう。栽培物のセリは氷水で冷たくなったらすぐに取り出して水気をしっかりと絞っておきましょう。
＊ 葉がみずみずしく緑色がきれいで茎があまり太くないもの選びます。

保存方法
● 乾燥しないよう濡れた新聞紙などでくるんでビニールやポリの袋に入れて冷蔵庫の野菜庫へ入れておきます。香りが飛ばないうちに早めに食べましょう。
● 乾燥しないようにして、立てて保存する方が持ちがよいです。

せり昆布じめ

昆布じめ手まり寿司

セロリ

産地／岩手県（ホワイトセロリ）、長野県、新潟県
収穫時期／11月〜5月
特色／独特の香りとシャキシャキした歯ごたえがある。ビタミンC、B群、ミネラル類、食物繊維などが含まれます。茎の筋は包丁を使って上手にとりのぞく。薄切りにして塩をし、浅漬けにするとおいしいです。

ホワイトセロリ
水耕栽培で作られた白い小さいセロリ。普通のセロリに比べ香りも弱く筋もなくたべやすい。

作り方／ホワイトセロリボイル後、冷水で冷やし、出汁に漬ける。生で使っても良いです。

サーモンマリネ
グンカン

お浸し握り　おかか

マグロマリネ
グンカン

セロリ、海老バター炒め
裏巻き

㉛ 大根（ペーパーラディッシュ）
Radish

大根

産地／大阪、全国各地
収穫時期／秋大根：宮崎県・千葉県・神奈川県
春大根：千葉県
夏大根：北海道・青森県

調理のポイント

● 部位ごとに辛みや歯ごたえが異なる。繊維を断ち切るように調理すると食感が良くなり、水分も逃さない。

● ひげ根が少なく、張りとつやがあり、あまり固くない良質な成長した大根を選ぶ。0.8mm以下にスライスし、薄い酢水につけて洗浄。冷凍しての保存も可能。イワシのホッカブリ寿司として使用。透けて見えるのでコハダやサバなどに利用できる。また、型で抜き、ちらし寿司などのトッピングにも。

アジ（酢〆）大葉ペーパーラディッシュ、
針生姜（ミジン切り）

保存方法／大根は保存する際、葉の部分から水分が失われていくので、付け根近くから葉を切り落とし、根の部分と分けて保存します。根の部分は、ラップでくるむか、濡れた新聞紙で包んでナイロン袋に入れ冷蔵庫に入れてください。サラダ用などに小さく切った物を保存する場合は、水によくさらした後、水気を切って密封容器に入れ冷蔵保存します。それでも、翌日には食べてしまってください。根の先と葉の付け根側で味が違います。大根は葉が付いている近くの部分は、辛味が少なく硬めなので、サラダや炒め物に向いています。真ん中部分は、みずみずしく柔らかい上に、最も甘みがあるので、ペーパーラディッシュの食用部分やふろふきのような煮物には最もおいしいです。根の先に近い部分は辛味が強いので、おろしにするといいでしょう。また、マリネや和え物にも使えます。実際には、一本の大根でメニューにより使い分けることは難しいと思いますが、使う部分によって味が違うと言うことは大事なことです。

甘酢漬け大根のくらかけにぎり
シャリにゆかり混合

ラディッシュ
おろぬき大根の浅漬

おろぬき大根の浅漬にぎり

㉜ 大黒しめじ

だいこく しめじ

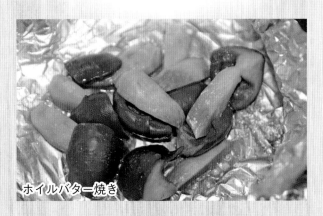

ホイルバター焼き

産地／京都府

収穫時期／通年、菌床栽培。2004年から市場に流通

特色／食用キノコの中でホンシメジのことを指します。松茸と同じで人工栽培が非常に難しく、一般に出回ることが無かったため幻のキノコでした。ぶなしめじとはまったく別のしめじです。ぷっくりと太った立派な白い軸を七福神の大黒様に見立てて、昔から「大黒しめじ」と呼ばれています。オルチニンが豊富、肝臓の働きをサポートして疲労回復効果あり。「匂いマツタケ、味シメジと言われるようにキノコの中でも強いうまみを持つ。

調理のポイント

ホンシメジはブナシメジと比べると苦味やくせが少なく旨みがとても多いキノコです。加熱しても食感が残り煮込んでもコリコリした歯触りを楽しめます。濡れないように気をつけ、乾燥しないように袋に入れ、冷蔵庫に入れ3日位で使い切りましょう。使いきれないときはビニール袋で冷凍保存もできます。

グンカン　バター焼き

蒸して出汁にひたす　握り

おかか、青葉

天ぷら
天丼のたれにひたしてから握ってもよい

㉝ 沢庵 （おこうこのたいたん）
Takuan

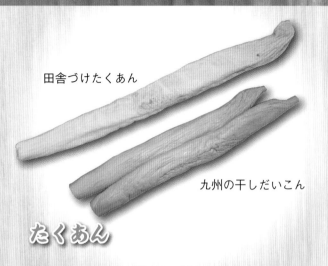

田舎づけたくあん

九州の干しだいこん

たくあん

特色／京都ではたくあんのことを「おこうこ」と呼び古漬けを冬の常備菜に活用します。沢庵と一口で言っても、

- 渥美一丁漬（塩と糠だけで漬けたもの）
- 九州の干大根の沢庵（調味液に漬けたもの）
- 田舎漬沢庵（干し大根の糠漬けではあるが、調味料の入ったもの）
- 東京沢庵（「塩漬大根」を黄色く甘く漬けたもの）

作り方／おこうのたいたん　ここで使うのは田舎漬沢庵。12月になると、前年の沢庵のあまりが出るので、たっぷりの水で戻す。塩味を感じなくなるまで塩抜きする。塩が抜けたら、スライスしてたっぷりの水で少し柔らかくなるまで炊く。水切り後、出汁・醤油・みりんで弱火で1時間くらい炊く。汁気を切って、握りや巻ものにする。

おこうこのたいたん
唐辛子

たくあん（千本漬）巻きもの

たくあん千切り

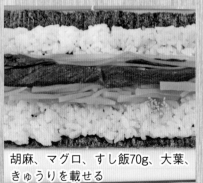

胡麻、マグロ、すし飯70g、大葉、きゅうりを載せる

やや固ためにしっかりと巻く

マグロ沢庵の花巻き

姫筍

茹での出汁漬け

茹で握り
おろしワサビ

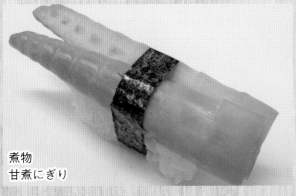

煮物
甘煮にぎり

産地／山陰地方、信越、東北、北海道

収穫時期／5月初旬～6月

特色／イネ科タケ亜科ササ属チシマザサ。姫竹や根曲がり竹と呼ばれているものはいずれも同じチシマザサの若竹のこと。信越～東北にかけて「根曲がり竹」と呼び、山陰地方などでは「姫竹（ひめたけ）」又は「姫筍（ひめたけのこ）と呼ばれています。その他、山形県の月山周辺でよく採れることからこの地方では「月山竹」又は「月山筍」と呼びます。信越や東北は雪が多く、チシマザサの若芽が地上に芽を出し始めは雪の重みで根本が曲がっているものが多いことから。根曲がり竹と呼ばれるようになったといわれています。姫竹又は根曲がりだけは、竹ではなく、笹の若芽なので、孟宗竹の筍と比べるととても細く小さいです。細目のハチクに近い感じ。葉2割が良く、良い香りがします。アクが少なく生でかじっても、それ程エグミはない。

● 中央部分は煮物、炊き込みご飯など。内側の柔らかい姫皮は、吸い物の実になど使い分けると良い。

● 火の通りがよくなるように、皮の部分に包丁で縦に切り目を入れる。

● 茹でたあと、この切り目から皮をむく。ぬかの代わりに生米でも良い。

● ぬか、米のとぎ汁、重曹などを使ってあく抜きをする。

（重曹なら水1リットルに対し小さじ1/2ぐらいです）

たけのこの握り

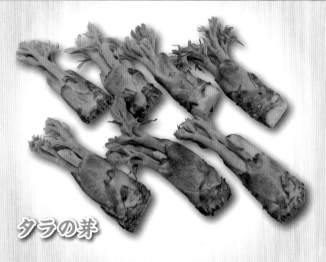

タラの芽

お浸し握り　おかか

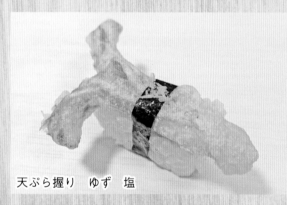

天ぷら握り　ゆず　塩

天ぷら干ぴょう巻き

産地／山形県、徳島県、富山県

収穫時期／ハウス栽培12月～３月末。天然物は春から初夏。地域差はありますが桜前線とともに北上。

特色／タラの芽はウコギ科のタラノキの新芽のことで、この新芽の部分を山菜として食用とします。そのまま天ぷらに。さっとゆでて和え物お浸しに。ほのかな苦みや、もっちりした食感が春を伝える山菜の王様ともいわれています。タラノキは全国の山野に自生していますが、栽培も進んでいます。

男だら：山に自生している白っぽいたらの木。幹や枝に鋭い棘がる。

女だら：棘が少ない。栽培にはこちらの女だらが用いられている。ハウス栽培のものは黄緑色のきれいな肌をしています。

調理のポイント

- 天ぷらなど生で揚げる際はアク抜きをします。固いハカマをはずし、根元の固い部分の皮を剥き、水に対し２％の塩（水１Lに対して塩20g）を加え沸騰させている中に２～３分茹でてすぐに冷水に落とし、しばらく水にさらしておきます。
- 小さくて柔らかいタラの芽はアクは強くないので、さっとくぐらせる程度でも大丈夫です。

保存方法

- タラの芽はあまり日持ちはしないので２～３日の新鮮なうちになるべく早く食べるようにしましょう。
- 乾燥しないように新聞紙などに包みポリ袋などに入れて野菜室に入れておきます。

㊱ チコリ（チコリー）
Chicory

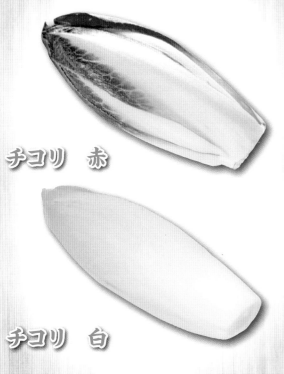

チコリ　赤

チコリ　白

産地／ベルギー、オランダ
収穫時期／青果市場の状況次第（デパートには周年ある）
特色／紫外線に当てず、軟白した部分である。わずかな苦味と歯触りが特徴。イタリアでは赤い品種群をラディッキオ・ロップと呼ぶ。日本ではフランス流のトレビスという名で流通。
薄い緑のほう：遮光栽培したチコリ。

作り方／サラダ感覚で生（なま）で握る。

調理のポイント
- チコリは生のまま食べられるので、葉の船の様な形を活かし、混ぜすしや刻んだ刺身を乗せてカナッペのようにサラダっぽく出してもいいでしょう。
- チコリを縦に半分に割り、オーブンで焼いて少し味を付けただけでも、甘味があり、おいしいです。洋風寿司などにも利用できます。

保存方法
チコリは乾燥しやすく、しなびやすいです。ラップでピッタリと包み、冷蔵庫に入れておきましょう。
- チコリは焼いても美味しいです。
チコリを焼いて肉や魚料理の付けあわせにも使います。まるのままを縦に半分に割り、オーブンで焼いただけでも、ソースと絡めるとアンディーブの甘味が引き立ち、おいしいです。

白チコリカナッペ風
サーモン、アボガド、コハダ、タイ、サーモン、のり

赤チコリサーモンきゅうり巻き

白チコリサラダ風ぐんかん
イカ、マグロ、イタリアンパセリ、サーモン、ドレッシング

赤チコリにサーモンと白身魚カナッペ風

(37) つるむらさき
Malabar Nightshade

つるむらさき

産地／宮城、福島、山形、埼玉。7月～8月。日本での栽培は1975年頃から。

特色／ツルムラサキ科のつる性一年草で東南アジア原産の野菜。紫色のものと緑色の品種があり、紫色のものは花が美しく観賞用に栽培される場合も多い。独特のヌメリや粘り気がある。ほうれん草より栄養価が高く、ビタミンA、C、カルシウム、鉄、ミネラルを多く含みスピナコント類とパセラサポニン類には小腸でのグルコースの吸収抑制などによる血糖値上昇抑制活性が認められた。青葉が不足がちの夏場の健康野菜として注目されている。茎が紫色の品種は秋に小さなピンクの花をつけ、花や蕾も食べられます。

調理のポイント

- 茎が太いので下茹でする場合は葉と茎を別々にした方が良いです。
- 油との相性が良いので炒め物や揚げ物にむいています。アクはそれほど強くないので下茹でなしで炒めてもよいでしょう。
- おひたしや和え物、汁物の具材などにも使用できます。

保存方法

ぬらした新聞紙などでくるみ、ポリ袋に入れて野菜庫に入れます。根の部分を下にして立てて入れておくようにした方がもちがよいです。

煮びたし、漬けマグロ
ゆでオクラ

煮びたし巻き

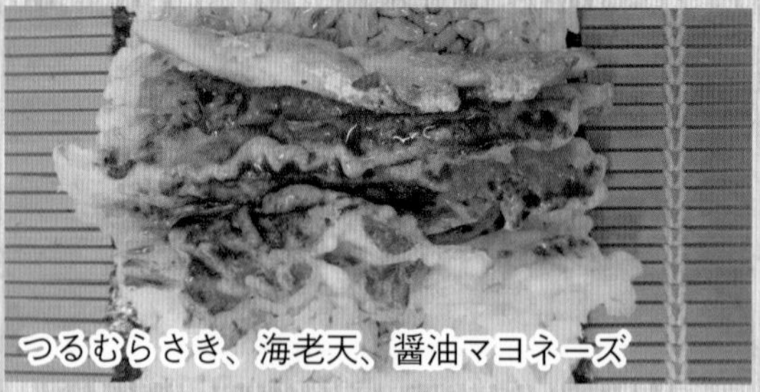
つるむらさき、海老天、醤油マヨネーズ

天ぷら巻き

天ぷら

煮びたし

38-1 なす
Aubergine

なす

焼きなす握り
しょうが、おかか

天ぷら握り　塩、すだち等

素揚げ握り
味付けはお好みで

なす油焼き、生姜醤油

調理のポイント

● 一般的なナスにはアクがあるので、新鮮なものでも生では食べません。切った後はアクで黒く変色するので、真水又は塩水に浸けてアク抜きをします。

● 切り口に塩をすりこんで時間を置きアクと共に水分を絞る方法もあります。

● 切ったなすをバットなどに入れ、切り口に塩をかけてしばらくおいてから、ペーパータオルや布巾で水気をふき取ります。

焼きなす

強火で平均に皮を真っ黒に焼きます。弱火で時間をかけて焼くと火が通るまでに水分が蒸発してしまい旨味も減ってしまいます。手早く全体をしっかり焼いて冷水に浸けてから手早く皮をむきます。

揚げる、炒める

なすは油との相性がとも良い野菜です、ただし油の吸いすぎに注意しましょう。煮物などに使う場合も、高温でさっと揚げてからのほうが旨みも色合いもよいでしょう。

漬ける

なすの皮に含まれるアントシアンは、アルミニウムや鉄と反応すると色が鮮やかになります。それを利用するために、漬物には釘を入れたりします。水ナスは生でも食べられます。包丁で切り目を入れ手で裂いたものを、もろ味噌を付けて食べるととても美味しいです。

保存法

ヘタの部分から水分が蒸発しやすいため全体をラップで包むか、ビニール袋などに入れて口を閉じ、冷蔵庫の野菜室に入れます。

産地／滋賀県湖南町下田

収穫時期／滋賀7月〜9月

特色／近江の伝統野菜。一般的な茄子より皮が柔らかく、身がしっかりしていてジューシー。血統を守るため田んぼの真ん中など、他のナス畑から隔離して作る（交雑を避けるため）。茄子はインドが原産とされるナスカの1年草で、日本には奈良時代に入ってきたといわれています。当時は「なすび」と呼ばれ、その残りが今でも地域によって残っています。もともと原産地周辺の東南アジアなどでは日本とは違い、白や緑色のものが一般的なんです。

作り方／この茄子の浅漬け、色のきれいなものを選ぶ。握りにする。

下田なす

● 下田なすの特徴は、水分たっぷりのやわらかな実と薄い皮です。

● 実は甘味があり、とてもジューシー。アクが少ないので浅漬けなどの漬物が美味しい。

● 皮が薄いので天ぷら、炒めもの、煮物など何にでも利用しやすい。

夏の下田なす

下田なす浅漬け 株式会社やまじょう製造

にぎり

下田なすのにぎり

なすのいろいろ

青なす

小なす

水なす

加茂なす

米なす

ゼブラなす

産地／原産地はインドで日本へは8世紀ごろに中国から渡来し現在では日本全国で栽培されており地域により特徴のある品種が栽培されています。成分は水分が90％以上でビタミンやミネラル類はあまり含まれません。

収穫時期／6月～9月

特色／ずんぐりと丸いナス。大暑性に強く、果肉にしまりがありきめ細かいので煮物から揚げ物、田楽、幅広く使われます。京茶際の「賀茂ナス」は、丸ナスの地方品種です。大きなものは700gのものもあります。なす紺の皮に含まれる成分はナスニンというアントシアンというアントシアン系の色素でポリフェノールの一種。アントシアニンは活性酵素の働き制御しガン予防、動脈硬化、高血圧の予防にも効果があるそうです。よって青ナス、白ナスにはアントシアニンはありません。京都の他、新潟の「魚沼巾着」、「大阪丸ナス」。

大和丸ナス／奈良県在来のナスの品種。伝統野菜のひとつとして奈良県により「大和野菜」に認定されています。ナスの中でも特に美しく『黒紫の宝石』と称される。直径10cmのまん丸い形状。ヘタに太く鋭いとげがあります。ハウス栽培は3月末から7月まで、露地物は6月～10月まで。一般的に1株から150個ほど取れますが大和丸ナスは1株から30個程度しか取れません。産地は奈良県大和郡山市の平和、矢田、筒井地区、生駒郡斑鳩町亀田、奈良市大柳生；同じ丸ナスでも賀茂ナスと色つや、食感とも全く違うので、賀茂ナスと混同されないように農家では収穫時に果柄を斜めに切りにして出荷しています。

菜の花

産地／千葉県南房総地域

収穫時期／12月～3月

特色／茎が太くほのかな甘味がある。少し苦味のある花蕾と、春の訪れを感じさせる季節風の強い南房総の早春の野菜。鮮度が大切。ビタミンCやミネラルが豊富な緑黄色野菜。

作り方／採取したら翌日には茹で上げ、冷水でよく冷やす。よく洗浄すると緑色の鮮やかな製品に仕上がる。これを辛子和えにしたり、そのままかつぶしをトッピングして握る。巻きものにも。

調理のポイント

● 菜の花はなるべく花が咲いていない若い物で、葉や茎がしゃきっとし、茎まで緑色の新鮮なものを選んでください。

● 湯に2パーセント程度の塩を入れ茹でて冷水にとります。茹で時間は湯の量や火力にもよりますが多めの湯で30秒位からせいぜい1分程度でよいでしょう。

● 揚げたり炒めたりして使用する場合に葉はすぐ火が通るので茎の太い部分は縦に包丁を入れたりすると良でしょう。

● 冷凍保存の方法
さっと固めに茹でてから小分けして冷凍します。

おひたし、花巻き　しいたけ煮物

おひたし、きゅうり
おかか、生姜、中巻き

菜の花、菊花の手綱巻

千枚漬けグンカン

菜の花巻き寿司
ボロニアソーセージ　菜の花
厚焼き玉子　イナリ皮

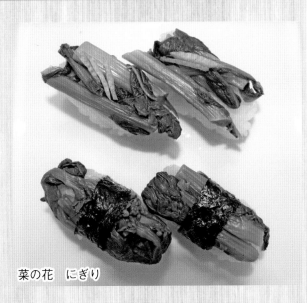

菜の花　にぎり

松前型舟ぞこ押し

菜の花
カニカマ
厚焼き玉子
モッツァレラチーズ
磯の雪

菜の花
ボロニアソーセージ
カニカマ
厚焼き玉子
焼きのり

菜の花
アサリ（佃煮）
モッツァレラチーズのグンカン

菜の花
カニカマ　厚焼き玉子　イナリ皮
辛子マヨネーズ　太巻き

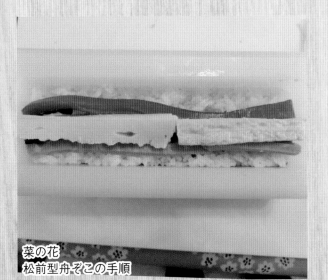

菜の花
松前型舟ぞこの手順

菜の花
カニカマ　厚焼き玉子　イナリ皮
上にペーパーラディッシュの押し寿司

収穫時期の菜の花

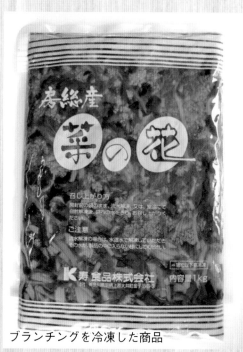

ブランチングを冷凍した商品

なめこ

特色／独特のヌルヌル（ムチンという成分）と歯切れの良さが特徴で、管理された施設で栽培されるため、一年中安定した価格で流通しています。野生の物はブナ林に自生しています。

調理のポイント

サッと水洗いして茹でる。レンジであたためてもよい。賞味期限が書いてないことが多いので購入し3日以内に食べきるのが目安で冷凍保存してもよいでしょう。醤油ベースのタレに漬けておいてグンカンにしても良いでしょう。

天ぷら握り　味付け　丼たれ、塩

甘辛煮　グンカン

㊶ ねぎ
Green Onion

ねぎ（下仁田ねぎ）

産地／関東地方が出荷量のほぼ半分を占める（千葉15.7％、埼玉13.2％、茨城10％、北海道、群馬）。
収穫時期／通年、11月〜2月がおいしい。
特色／ネギの茎は下にある根から1cmまでで、そこから上全部は葉になり、食材になる白い部分もすべて葉の部分になる。東日本では、成長とともに土を盛り上げて陽に当てないようにして作った風味が強く太い根深ネギ（長ネギ・白ネギ）。他はワケギ、アサツキ、万能ネギ、九条ネギなどの固有名で呼んで区別します。西日本では、陽に当てて作った細い葉ネギを「青ネギ」と言い、根深ネギは「白ネギ」「ネブカ」などと呼ぶこともあります。

むしねぎ、柚味噌

ゆでねぎ、甘味噌だれ

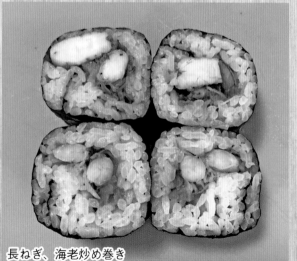

長ねぎ、海老炒め巻き

焼きねぎ、アンチョビ巻き

㊷ パプリカ
Bell Pepper

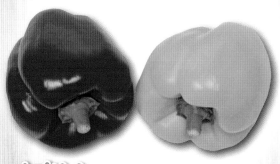

パプリカ

産地／群馬県（沼田市）
収穫時期／7月〜10月
特色／彩りとパプリカの甘さ。ビタミンCを含んでいるが、加熱しても失われにくい。パプリカ、ピーマンは唐辛子の仲間です。南アフリカ原産で、辛みが無くなる改良を加えて誕生しました。日本では一般的に広まったのは戦後のことです。今では代表的な夏野菜として定着して、夏の食卓に並びます。

調理のポイント

- 大きく肉厚のものを選ぶ。茹でて皮をむき、一晩出汁に漬けておく。焼いて皮をむく方法もある。丸ごと焼き、焦げ目をつけてからポリ袋に入れて少し蒸らすと、皮がむきやすくなる。
- 生で使用する場合はそのまま細く切って、さっと水にさらしてサラダなどにします。ピーマンには少し苦味があります、パプリカはほんのりと甘みも感じます。
- パプリカは網で直火で表面を焼き、冷水に浸けて皮を剥くと甘みと香りがよくなります。
- 炒める／ピーマンやパプリカは油との相性が良く、炒め物に適した野菜です。
- 素焼き／バーベキューなど炭火やコンロで焼いたピーマンやパプリカは美味しいです。
- 揚げ物／串揚げや天ぷらにしても美味しく食べられます。
- 煮物／肉詰めピーマンや小さく切ってスープに入れたり、トマトソースで煮たり万能野菜です。
- 煮る／ピーマンの色が残る程度に煮る事がポイントです。

天ぷら巻

ピクルス巻サーモン
さらだ菜パプリカ
サーモンワサビ
マヨネーズ

にぎり、湯むき

ピクルスきざみにぎり

炒めのせ　ホタテ貝

炙りサーモン
焼きパプリカのせ

㊸ ぶなしめじ
Buna Shimeji

ぶなしめじ

産地／ブナシメジが本格的に食用となったのは人工栽培が普及してから。

収穫時期／旬は9月～11月

特色／ヒラタケを瓶栽培して若いうちに出荷したものにつけられた商品名。各地産地名をつけ「○○しめじ」というパックシール。キシメジ科シメジ属「ホンシメジ」イロタモキダケ属「ブナシメジ」その他「シメジ」が名称につく食用キノコは多数あり、毒キノコにもシメジとつくものもある。日本人に不足がちな必須アミノ酸などを含む栄養価の高い食材です。「ヒンシッメジ」は人工栽培が難しく「幻のキノコ」と呼ばれている。本物のしめじは、「本シメジ」というまったく別種のキノコです。

調理のポイント

● 選ぶときは開きすぎていないもの、柄の部分が太くしっかりしているものを選びましょう。

● きのこ類は水気を嫌うので濡れないように気を付けて保管します。

● いしづきを切るときは一度に切ると食べられる分も切ってしまうので4～5株に分けて切る。

● 塩で味付けする場合は必ず調理の最後に加えるようにしましょう。
先に入れると水分と旨味が出てしまいくたっとしてしまいます。

● アルミの鍋やフライパンの調理は、酸化して黒く変色してしまう事があるので気を付けましょう。

煮びたし　味付けはお好みで

天ぷら握り
生姜まぜ酢飯

炒めグンカン

㊹ ブロッコリー
Broccoli

ブロッコリー

茹で握り　マヨネーズ

天ぷら握り　鳥そぼろ甘だれ

茹でグンカン　コーン、茹で、酢みそ

産地／原産地は地中海沿岸　夏：北海道、冬：埼玉県・愛知県

収穫時期／11月から3月

特色／ビタミンC、ビタミンB、カロチン・鉄分が非常に豊富である。風邪の予防・疲労回復・ガン予防・老化防止の効果があるとされている。ピロリ菌抑制効果もある。

調理のポイント

- 茹でる／房をばらして茹でるのではなく、軸を付け根で切り落とし、軸だけ先にお湯にいれ、次に房を塊のまま湯に入れる時間差の茹で方がよいでしょう。そのほうが身崩れも防げます。てっぺんまでお湯がかぶっていない場合は蓋をすれば大丈夫です。

- 茹で上げた後冷水にはさらさないほうが良い／ブロッコリーを茹でる場合、水に対して2％の塩を入れた熱湯で茹で、あげたらそのまま水気を切って冷ますほうがいいです。急いでいるときは冷水にさらすこともありますが、やや水っぽくなります。

- 無農薬のブロッコリーには甘味があり、エグミもほとんど感じられません。

- 保存方法／袋に入れるかラップにくるんで、冷蔵庫の野菜庫で立てて保存してください。下茹でしたものは、水気を十分にきって、キッチンペーパーを敷いた密封容器などに入れて冷蔵庫に入れてください。

天ぷらロール　のりパンチ、梅生姜飯

ベビーキャロット

天ぷら
塩、レモン

煮物
甘煮

茹で　味付けはお好みで

産地／全国

収穫時期／通年ではあるが、4月〜7月、11月〜12月が旬である。

60〜80日で収穫でき10cm程度でプランターなど家庭菜園に適します。

特色／原産地はアフガニスタンからヨーロッパに伝わった西洋種と、アジア経由の東洋種がありますが、日本には江戸時代に中国より東洋種が伝わりました。現在流通しているものはほとんどが西洋種です。カロチン、カリウム、カルシウムが豊富に含まれるが、アスコルビナーゼというビタミンCの破壊酵素も含まれるので加熱か酢等の酸と合わせると良い。人参と大根のモミジオロシはビタミンCが破壊されてしまう。ベビーキャロットは、品種改良によって作られたもので、味も栄養素もある、おとなの人参です。60日〜80日で収穫でき、βカロチンが豊富で、βカロチンは体内でビタミンAに変換され、眼に良い。

ニンジンのミニチュアのようなミニキャロットは、普通のニンジンを小さいうちに収穫したものではありません。

100g当り34kcal、βカロチン（活性酸素除去効果あり）が豊富。βカロチンは体内に入るとビタミンAに変換され、視力維持に有効。βカロチンはがん予防、老化防止、習慣病予防。長さ10cm足らずで太さがほぼ均一なソーセージジ形のかわいいニンジンです。

生野菜／ミニキャロットとも呼ばれる小型の西洋種で、長さが10cm程度。甘みが強く、にんじん独特の香りも少なく、生で皮ごと食べられます。スティックサラダなど料理の付け合わせなどにもよく使われます。

煮物／肉質がやわらかい割りに煮崩れしにくく甘味があって、人参臭さは少ないですが特有の風味が一般的なニンジンよりも強く感じられます。主に正月のおせち料理の煮しめなどの煮物に使われています。

京ニンジン／京人参は鮮やかな赤い色が特徴的で、長さは様々ですがスリムな形をしています。人参の中では、季節感を感じさせてくれる品種で、秋から1月にかけて出回ります。

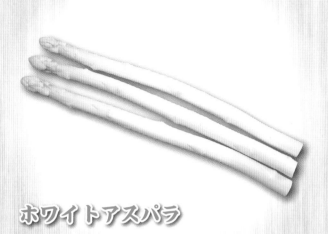

ホワイトアスパラ

産地／北海道、長野県、佐賀県

収穫時期／3月〜夏頃まで（北海道露地物は5月下旬から6月のみ）

特色／100g当り20kcal。

ユリ科アスパラアスパラガス属の多年草。グリーンアスパラと同一品種、栽培法が違うだけ。芽が出る春先に土を盛り芽を陽に当てずに伸ばす。軟白栽培。栄養価はグリーンより少し劣る。ビタミン類、カリウム、アスパラギン酸、カロチン、ルチンなど。枯れてでも栄養成分がほとんど流出しないという特徴があり。アミノ酸の一種のアスパラギン酸は新陳代謝を促し疲労回復やスタミナ増強に効果あり、また利尿作用により腎臓や肝臓の機能回復にも効果あり。ルチンは穂先部分に含まれるフラノボイド色素の一種、血管を丈夫にし、高血圧や動脈効果の予防に効果あり。

調理のポイント

茹でる／穂先5cm以下、根元まで皮をしっかりと厚めにむく、そして茹でる時にむいた皮を一緒に茹でるとおいしいです。

● 茹でるときレモン汁を少し入れるときれいな白に茹で上がります。

● ホワイトアスパラの皮を入れて2分ほど経ったら火を中火にして根元から束にして入れて10秒待ちます。それからホワイトアスパラ全体をお湯に入れ3〜4分ほどして根元部分に串を刺してみてスッと入れば茹で上がりです。

くるみ味噌

バター焼き

オニオンチップ

きざみしそドレッシング

きざみグンカン

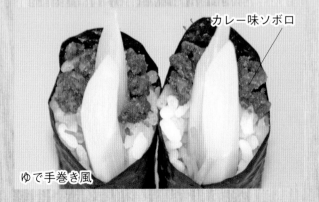

カレー味ソボロ

ゆで手巻き風

缶詰カニカマ巻き

マツタケ

産地／岩手県（アメリカ・カナダなど輸入品もある）

収穫時期／10月〜11月

特色／日本でのキノコの最高峰。香りが良いが、海外では泥臭いといわれ、好まれないこともある。関西では「まつたけ」ではなく「まったけ」と呼ぶ。

作り方／チラシ寿司に。

調理ポイント

- 基本水洗い無し。
- 松茸の軸（石づき）の先を、包丁で鉛筆を削るように斜めにうすく削る。
- ぬらして軽くしぼった布巾やキッチンペーパーで、松茸の表面をなでるように汚れや土を取る。
- 土がこびりついている部分は、竹串を使うと簡単に取れます。
- 保存は一本ずつペーパータオルなどで包んでラップして冷蔵庫で。

炙りとろやきマツタケ

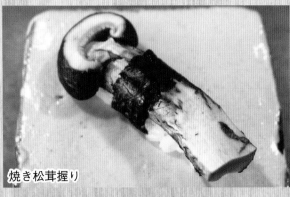

焼き松茸握り

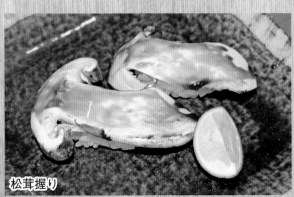

松茸握り

産地／京都府舞鶴市万願寺付近。現在は全国的に作られている

収穫時期／6月～9月

特色／京都府が認証している「ブランド京野菜」に指定されている。大型の青唐辛子でほのかな甘みと唐辛子特有の香りがあり。肉厚で柔らかいものが味が良い。

焼く／万願寺唐辛子や伏見唐辛子は、素焼きした物に生姜醤油を垂らして鰹節を振りかけて食べるのが定番ですがフライパンで焼いても良いです。縦に割って焼いても良いですが、丸のまま焼くと水分が残りおいしいです。

揚げる／特に揚げる場合は空気が膨張し破裂して熱い油が飛び散り危ないです。竹串で所々穴をあけておきましょう。種は人によって好みがありますが、嫌いな人は取り除いてから調理しましょう。種の部分には唐辛子特有の辛みがあります。

炒める／甘唐辛子はどれも炒め物に使われることが多いです。おかか、ごま、ジャコなどと共にさっと油で炒め、酒、みりん、醤油を加え汁気が無くなるまで炒め煮にするのが良いです。

煮る／じっくり煮るという野菜ではなくサッと炒めてから煮たほうが食感もよいです。すしにする場合はそのまま握っておかかをかけたり。火を入れたすしネタと合わせ巻いてもおいしいです。

万願寺唐辛子

素焼き
しょうがはさみ

素揚げ
チリソース

天ぷら巻
味付けはお好みで

素揚げ
大根おろし

焼く

握りずし
湯通しして

49-1 みょうが（茗荷）
Myouga

産地／高知県（ハウス栽培、通年）、群馬県、岩手県（露地栽培）

収穫時期／6月〜8月。夏ミョウガ（小ぶり）8月〜10月。秋みょうがは大きい

特色／食用に栽培しているのは日本だけであり、日本でしか食べられていない野菜のひとつ。東アジア原産、ショウガ科ショウガ属。落語で、食べると物忘れがひどくなるといわれているが、記憶への悪影響はなく、それどころかミョウガの香り成分アルファピネンには集中力を増す効果があると明らかになっています。食欲増進、消化、血行促進といった効果があるといわれ特に夏バテにいい。

ハウスみょうが

秋ミョウガ

甘酢漬け

梅ショウガ
まぜごはん

茗荷の芯のにぎり　湯どおし

てんぷら　オニオンチップ、塩

サーモン混ぜすし
カナッペ風

炙りイカミョウガ
にぎり

こはだミョウガ手綱巻き

調理のポイント

● 少し生はあくがあるので刺身、すし、素麺などに使うときは千切りで水にさらす。30秒以上さらすと香りや味が落ちる。

● 汁物に使用するときは小口切りにすると良い

● 漬物にして保存する場合は甘酢、梅酢につけておくとよい。添え物として使用する。

● すしにする場合は甘酢漬け、生の場合は多いと苦みがあるので少なめにあしらいとして乗せる。

甘酢漬け手まりずし　こはだのせ

みょうが出汁漬け握り

さらしミョウガ、カニカマ、青ジソ、キュウリ巻き

エンドウ豆、甘酢づけぐんかん

芽ネギ

産地／静岡県、愛知県　水耕栽培が主流

収穫時期／周年

特色／発芽して間もない長さ6～10cmくらいの細いねぎのこと。直径1mm程度の細くソフトな歯触りが特徴。静岡県浜松市で「京丸姫ネギ」というブランドを立ち上げた農家の(鈴木厚志さん)は、寿司屋の大将に「お前農家だろう!!？　芽ねぎつくれや!!？」と脅され気味に言われ、怖くて断り切れず生産を始めたのが「京丸園の姫ネギ」です。最初は乗り気でなかった鈴木さんですが、当時、週刊少年マガジンで連載の「将太の寿司」という漫画の『ねぎの寿司（第107話）』の話に感動し、鈴木さんのやる気にスイッチが入ったそうです。そんなこんなで1週間の日持ちで、年中安定生産できるようになり、「京丸姫ネギの芽ネギ国内シェアは60%になりましたという。

芽ネギおかかのせ

芽ネギマグロ握り
焼き味噌のせ

芽ネギ
鉄火巻き

芽ネギ巻き

⑤ メロン（摘果メロン・小メロン）
Melon

産地／渥美半島、小豆島、静岡、千葉
収穫時期／ハウスで（4月〜9月）
特色／メロン栽培で摘果したもの。表面がうぶ毛のようなものに覆われているので、それをきれいに取り除く。塩でもみ表面をきれいにすると鮮やかな緑色になる。カリウムが豊富で利尿作用がある。

摘果メロン
- マスクメロンなどは1本の株から1つの実だけ作ります。そのため大きな形のいい果実を育てるために、余分に成った実は小さいうちに摘み取ります。それが摘果メロン（子メロン）です。
- 浅漬けなどにして食べるとおいしいです。メロンの風味が少しあります。キュウリのような感覚で食べれます。

調理のポイント
薄い塩漬けにして中の種は取り除き、寸法に切り握る。メロンの甘味・香りがほのかに残る。
- 摘果メロンは表面を塩もみするときれいな緑色になります。皮は柔らかいので剥かないでつけても大丈夫です。
- 塩、酒、みりん、赤唐辛子、浅漬けの元など使用して漬けます。
- 生魚の握り寿司の間にサッパリと握って出しても手巻きでだしても喜ばれます。

摘果メロン塩もみ前

摘果メロン塩もみ後

浅漬け握り
塩もみで表面をきれいにし浅漬にしたもの

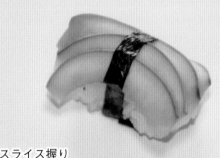

スライス握り

くし切りまぐろのせ

手まりタイ昆布じめのせ

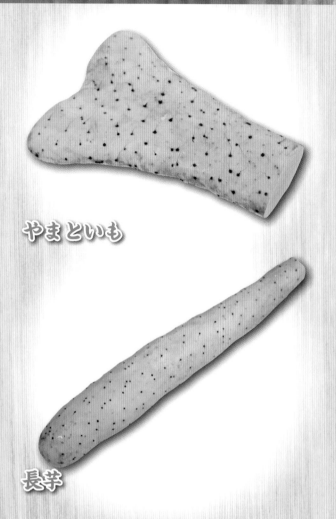

やまといも

長芋

産地／日本の山野に古くから自生する自然薯。現在は栽培されている。

長芋／長い棒状の芋。きめは粗く水分も多いが調理しやすく一番多く流通している。

いちょう芋／扁平なイチョウの葉に似ている。粘りが強く、関東では大和芋とも呼ばれている。

収穫時期／10月～3月

特色／でんぷん分解酵素のジアスターゼが豊富に含まれており、消化を助けるため、生でも食べられる芋です。

ムチン、ビタミンB群、C、カリウム等のミネラル、食物繊維がバランスよく含まれる健康食材で中国では漢方薬として利用されるほど滋養強壮効果や疲労回復効果があるといわれている。

調理のポイント

山芋は皮の下にあくがあるので厚めに皮をむきましょう。変色を防ぐため、すぐに調理するか、薄い酢水に10分ほど浸しアク抜きをしてください。山芋が手につくとかゆくなる人は、調理前、酢水を手につけるとかゆみ防止になります。

生食するなら繊維に沿って縦切りに（あくが出づらくなる）シャキシャキとした食感とみずみずしい味わいを楽しめます。長芋なども酢水をつかうなど同様に扱うと良いです。すしに使用する場合は山芋、自然薯などはすりおろし。長芋は刻んで使用することが多いです。摺り下ろした山芋に刺身系と合わせて軍艦にしたり、刻んで梅と巻いたりします。

マグロのやまかけぐんかん

長芋バター焼き　塩コショウ

長芋の千切のマグロ巻き

野菜押しずし　山芋のせ

長芋のせアジ酢みそがけ

長芋
昆布じめ手まり

53 百合根 (ゆりね)
Lily bulb

ゆり根

桜花グンカン

唐揚げ握り

茹で　梅肉和え

産地／北海道　約95％をシエアしている。

収穫時期／11月～2月（京都9月～12月）

特色／百合属植物の球根のこと。食用に栽培されているものの多くは「コオニユリ」。他、オニユリ、ヤマユリ、カノコユリが食用種。白ユリは下痢を引き起こすので他のユリは食べないように注意。ビタミンC、カリウム豊富（高血圧予防）。漢方薬として用いられる。南瓜やサツマイモと同じように収穫してから2～3か月寝かせたほうがでんぷんが糖分に代わって甘味が増し美味しくなります。京都の丹波産は8月頃から秋にかけ収穫されますが、京野菜には入っていません。出荷量の多い北海道では、霜が降りる10月頃から年末にかけて収穫されます。いずれも12月に出荷のピークでお正月料理に使われることが多いです。

調理のポイント

●ゆり根は丸ごと使うことはあまりありません。たいていの場合、鱗片をばらして泥汚れを洗い使います。ゆり根は意外に火の通りが早いので加熱しすぎないよう注意して下さい。ホクホクした食感が損なわれてしまいます。

●茹でる場合は、塩を加え、沸騰させている湯の中に泳ぐような感じで茹でます。茹で過ぎないよう1～2分程度で様子を見ながら大きい鱗片から茹でます。

●ゆり根の花びら

【作り方】ゆり根を花びら方に切り縁を削ってからさっと茹で、食用紅を加えた出汁などに浸しておきます

●保存方法

丸のままの場合は買った時におがくずと一緒に入っていたなら、そのままおがくずに埋めたまま袋などに入れて冷蔵庫に入れておくと数週間持ちます。

レンコン

産地／茨城県、徳島県、石川県、千葉県
収穫時期／10月〜3月
特色／ハスは、インド原産のハス科多年生植物。地下茎は「蓮根」といい、野菜名として通用する。80%水分。炭水化物、水溶性ビタミン、ミネラル。レンコン100g当り74Kcal。レンコンを折ったときに見られる糸状の物は、導管内壁のラセン糸が引き延ばされ出てきたもの。穴が開いて「矢を通す」ことに通じ縁起が良いとされお正月のおせちに用いられる。日持ちさせるため、泥のついたママの状態で出荷、販売される。主に水煮状態のものが大量に中国から輸入され販売されている。

調理のポイント
切ったあとのレンコンは色が変わってしまうので、すぐに水にさらしてアク抜きします。空気にふれないようにします。酢水につけるアク抜き方法があります。酢水につけると、でんぷん質の働きが止まり、よりシャキシャキとした食感になります。繊維の向き、厚さ、調理時間、あく抜きの仕方でも食感は変わります。厚く切って水にさらしたものを煮ればホクホクしますし、薄く切り酢水につけたものはシャキシャキとした食感になります。用途により使い分けましょう。すし屋では昔から甘酢につけた花レンコンなどをちらし寿司などに使用しました。
●茹でる
スライスして色止めしたレンコンを、沸騰している湯に入れ2分〜3分茹でます。茹であがったらザルに揚げ、そのまま冷まします。急ぐ場合は冷水にさらしても良いですが、水っぽくなってしまわないよう、冷えたらすぐに揚げます。レンコンを皮付きのまま素焼きにして、塩を振っても甘みが出て美味しいです。

おろしレンコン、海老すり身揚げ物

レンコン酢漬け手まり握り

レンコン天ぷら握り　味付けはお好みで

レンコンきんぴら稲荷揚げ巻き

55-1 わさび（山葵）
Wasabi

わさびの根

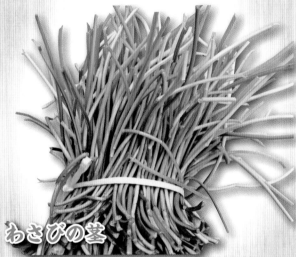
わさびの茎

産地／静岡県、長野県、島根県
収穫時期／周年
特色／日本原産の多年性水生植物では江戸時代に
静岡の有東木（うとうぎ）で栽培が始まりました。
わさびの辛味はアリルイソチアネートには強い殺
菌作用があり刺激的な香りには食欲を増進させま
す。すりおろす根茎の部分、花、葉茎にも辛みと
香りがあり、全て食用になります。
産地として
①有東木ワサビ（静岡市）
②伊豆のワサビ（静岡）
③匹見ワサビ（島根県益田市）
④安曇野ワサビ（長野県安曇野市）
伊豆市と安曇野市では市の花に指定されている。

作り方／花わさび：葉茎に熱湯をかけ、密閉容器
に入れてふたをし、そのまま冷やす。辛味がでた
らおひたしなどに。

わさびの花

わさびの葉

ワサビ茎の甘酢漬け　こはだ巻き

まぐろトッピング

ローズずしにトッピング

野菜の寿司ねた　73

わさびの花

わさび田

寿司
の
いろいろ

炙り寿司と焼き野菜

ほたて　おくら

えび　パプリカ

サーモン　いんげん

白身　しいたけ

白身　ミョウガ

サーモン　パプリカ

とろ　アスパラ

とろ　エリンギ

黒トリュフのトッピング寿司

【黒トリュフオイル】

材料
黒トリュフ………1ヶ
オリーブオイル…200cc

作り方
◆黒トリュフを薄く切り、適当に小さく切る。
◆フライパンにオリーブオイル200ccとトリュフを
　入れ弱火にかける。
◆トリュフにふつふつと泡がたって来たら火を止
　める。
◆荒熱がとれたら瓶に詰め1〜2日したら使いま
　しょう。

アボカド　炙りトロ

あまえび

あまえび

いか

いか炙り

サーモン炙り

黒トリュフのトッピング寿司（つづき）

焼きズッキーニ　ほたて

ぶり炙り

ほたて

まぐろ

とろ炙り

海鮮ぐんかん

インゲンとイクラ

アスパラソバージュとサーモン

インゲンとマグロ

シイタケと玉子焼き

黄パプリカとタコ

シイタケとエビ

オクラとマグロ

赤パプリカとホタテ

インゲンと白身魚

野菜寿司の盛り込み

野菜の昆布じめ　ミニちらし丼

まぐろ　ネギ

昆布じめ色々

まぐろ　長芋

かんぱち　人参

いか　せり　人参

かんぱち　キクラゲ

中トロ　エリンギ

昆布じめ色々

中トロ　蓮根

たい　せり

いか　色々

たい　アスパラ

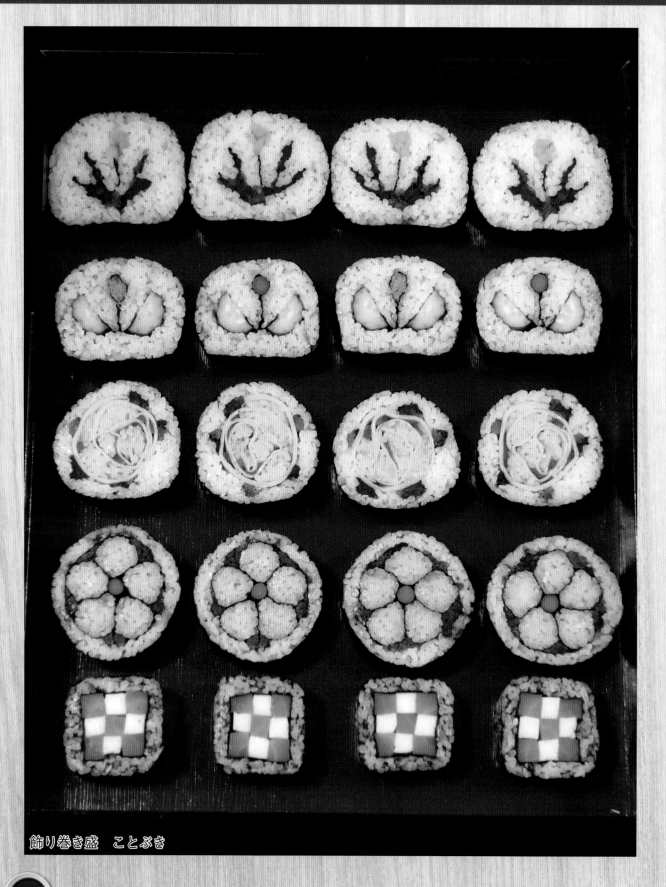

飾り巻き盛　ことぶき

がり de 一品

がり de 一品

がりと茗荷（漬物）

甘酢生姜〔寿食品（株）房総産新生姜〕
茗荷〔ハウス栽培〕
薄い酢水（0.4％、酢の10倍液）
80℃ぐらいにくぐらせる
⇒表面が色付く

甘酢生姜千切〔寿食品（株）〕、
茗荷千切、ゆずの皮

みょうがの生

甘酢生姜〔寿食品（株）房総産新生姜〕
茗荷　生千切

がりも千切にし穂紫蘇をあしらいに

がりと野沢菜

甘酢生姜〔寿食品（株）房総産新生姜〕
野沢菜漬〔長野県産〕

がりと菜の花

甘酢生姜〔寿食品（株）房総産新生姜〕、
菜の花〔寿食品（株）房総産〕早春の季節感を出す
　1月…はしり　2月…旬　3月…なごり

が り de 一 品

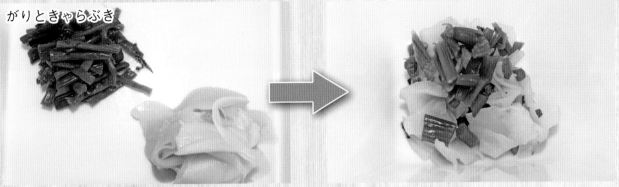

がりときゃらぶき

甘酢生姜〔寿食品（株）房総産新生姜〕、
きゃらぶき〔寿食品（株）房総産フキ〕

刻んで混ぜました

がりとべったら漬け

甘酢みじん切生姜〔寿食品（株）〕、
べったら漬け〔（株）東京にいたか屋〕

べったら漬けに挟んでみました

がりとわさびの茎

甘酢生姜〔寿食品（株）房総産新生姜〕、
伊豆のワサビの茎甘酢漬〔寿食品（株）〕
ワサビの葉を敷いて

紫蘇の葉と刻んで混ぜました

がりと姫きゅうり

甘酢生姜〔寿食品（株）〕、
姫きゅうり〔栃木県産ハウス栽培〕
串に刺し甘酢生姜の端をきゅうりに
合わせて切り落としています

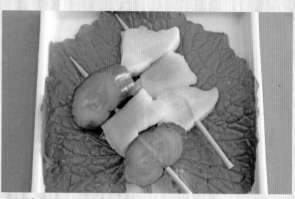

ぬか漬けきゅうりとガリ
ぬか漬け大根とガリ
山葵の葉を敷いて

がりと奈良漬け

ガリ〔寿食品（株） 6mm角の3cm棒切〕
大根味噌漬けのスライス

ガリ〔寿食品（株）房総産新生姜、平切〕
守口だいこんの奈良漬けななめ切

がりと青パパイア（加工用）

甘酢生姜〔寿食品（株）〕、
青パパイア〔加工用、鹿児島県産〕
青パパイアは硬いので皮は厚めに剥き、スライスも薄く
塩もみをして甘酢漬け

がりと柑橘の皮（砂糖漬け）

甘酢生姜千切〔寿食品（株）〕、
だいだいの皮
柑橘の皮の砂糖液漬・・・皮の内側の白い部分を
こそぎ取り糖液（30%）に漬け込む
2日目からは使用出来る

が り de 一 品

がりと沢庵

甘酢生姜〔寿食品（株）房総産新生姜〕、
沢庵〔野崎漬物（株）千本漬〕、ゴマ、大葉
細かく刻んでゴマをちらしました

がりと大葉

甘酢生姜〔寿食品（株）〕、
大葉
大葉は手のひら大の葉が大きなもの

甘酢生姜〔寿食品（株）〕、
大葉、小肌

がりと小肌

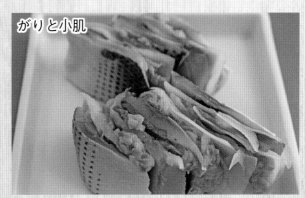

甘酢生姜〔寿食品（株）〕、
小肌、大葉、
菊の花（冷凍）〔寿食品（株）〕
菊の花…食用菊を薄い酢水で軽く茹であげて冷凍し
たもの

がりと冷奴

甘酢生姜ミジン切〔寿食品（株）〕、
豆腐（木綿豆腐を水切り）、
青山椒の実〔寿食品（株）京都府産の生山椒を茹でて
冷凍したもの〕

がりとイカ

甘酢生姜〔寿食品（株）〕、
イカ、ゆずの皮、大葉
イカを細く切り大葉と混ぜ、ゆずの皮をトッピング

辛口ガリ使用（甘味を極端におさえました）

大根

赤大根

紅芯大根

小カブ

小かぶを浅漬にしてガリを巻いたもの

紅芯大根は皮を厚くむき甘酢に漬けました

ガリと紅芯大根をザク切りにしました

ガリ
わさび
梅干

ガリ乱切り
わさびおろし
梅干

寿食品株式会社の商品

 寿食品株式会社

TEL：0465-83-4861
FAX：0465-83-2757
メール：kotobuki-shoku@tbn.t-com.ne.jp
URL：http://www.kotobuki-shokuhin.net/

~トッピングでグレードアップ~

針生姜

原材料　　生姜、醸造酢
賞味期限　製造日より90日
保存方法　冷蔵10℃以下

❶見栄えのアップ
彩りが鮮やかになり、お料理を一段と引き立てます。
❷ボリューム感のアップ
生姜を当社独自の製造方法により、針状の極細カッティングをしているため、商品に立体感を
出します。
❸生しょうが使用
生しょうがを使用し、合成保存料・着色料を一切使用していないため、風味が優れています。

針生姜　　　　50g
包装形態　　　50g×60袋
原料原産地　　中国

針生姜　　　　100g
包装形態　　　100g×50袋
原料原産地　　中国

針生姜　　　　20g
包装形態　　　20g×10ヶ×20
原料原産地　　中国

針生姜　　　　30g
包装形態　　　30g×60ヶ
原料原産地　　中国

国産針生姜　　50g
包装形態　　　50g×60袋
原料原産地　　国産

国産針生姜　　100g
包装形態　　　100g×50袋
原料原産地　　国産

生しょうがの風味・香味

いいdeしょうが（平切3mm）使用

べんり de しょうが

原材料	生姜
賞味期限	製造日より365日
保存方法	冷凍−18℃以下
包装形態	1kg×10、250g×40

いい de しょうが

原材料	生姜、醸造酢
賞味期限	製造日より90日
保存方法	冷蔵10℃以下
包装形態	1kg×5、250g×20

※産地　生おろしシリーズ以外は、国産、中国産での製造が可能です。（数量要相談）

❶生しょうが使用

生しょうがを使用し、合成保存料・着色料を一切使用していないため風味が優れています。

❷加工へのこだわり

当社独自の製造方法により、生姜原料として御社の使用方法に合ったサイズにカット致します。

生おろしシリーズ

賞味期限　製造日より730日、保存方法　冷凍−18℃以下、中国製造

包装形態　　5kg×4
　　　　　　1kg×10
　　　　　　250g×40
　　　　　　100g×10×10

包装形態　　20g×50ケ×10
　　　　　　20g×6ケ×50

包装形態　　50g×50

極細千切生姜
規格　　500g、1kg
タイプ　チルド

ミジン1mm
規格　　250g、1kg
タイプ　チルド、冷凍

ミジン4mm
規格　　250g、1kg
タイプ　チルド、冷凍

・ミジン2mm
規格　　250g、1kg
タイプ　チルド、冷凍

・ミジン3mm
規格　　250g、1kg
タイプ　チルド、冷凍

・千切1.5mm
規格　　250g、1kg
タイプ　チルド、冷凍

平切3mm
規格　　250g、1kg
タイプ　チルド、冷凍

千切2mm
規格　　250g、1kg
タイプ　チルド、冷凍

収穫前菜の花

~旬の演出~

寿食品の
ブランチング
野菜

賞味期限　製造日より720日
保存方法　冷凍－18℃以下

収穫前葉大根

収穫前オクラ

❶原料へのこだわり・・・鮮やかな緑色と優れた旨味
千葉県の生産者の方々と契約を行い、収穫後、速やかに、千葉にある工場
にて製造を行っています。そのため、鮮やかな緑色と野菜本来の旨味を活かしております。
❷加工へのこだわり
大型ボイル漕で、短時間の加熱処理をおこなっていますので、鮮やかな緑色を保持した歯応えの
良い商品に仕上げています。
❸お客様との共同開発
旬と産地にこだわった商品をお客様のご要望に応じ、栽培時期から取組み、新たな商品開発も承ります。

房総産菜の花（茎20％）500g
包装形態　10袋×2合

・茎20%　250g
10袋×4合
・茎40%　1kg
5袋×2合
・茎100%
500g×10袋×2合　1kg×5袋×2合
・カット
500g×10袋×2合
・ペースト
1kg×10袋

房総産葉大根（1cmカット）1kg
包装形態　5袋×2合

房総産オクラ（ホール）500g
包装形態　10袋×2合

房総産オクラ（カット）500g
包装形態　10袋×2合

~生姜やさんの~

御勝手工房の 生姜製品

生姜ごはんの素110g使用

生姜のきんぴら使用

❶生姜へのこだわり

風味の良い生姜や辛みの強い生姜等、生姜やさんだから出来る生姜の選定を行い商品作りをしております。

❷味へのこだわり

原材料、調味料、配合比にこだわり、手間ひまをかけ、御勝手（台所）で作る手作り感のある味を目指しております。

❸お客様との共同開発

お客様のご要望に応じ、新商品の開発も承ります。

生姜ごはんの素シリーズ　〜国産生姜使用〜

賞味期限　製造日より365日、保存方法　冷凍−18℃以下

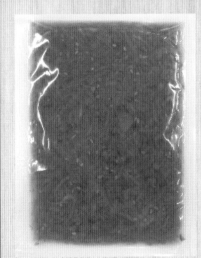

生姜ごはんの素110g
包装形態　80袋

生姜ごはんの素（野菜だし）100g
包装形態　80袋

生姜ごはんの素（大豆のお肉）110g
包装形態　80袋

生姜のきんぴら300g
包装形態　30袋
賞味期限　製造日より180日
保存方法　チルド
原料原産地　中国

おいしいdeしょうがおにぎり生姜80g
包装形態　　10袋×6合
賞味期限　　製造日より180日
保存方法　　冷暗所
原料原産地　国産
※現在休売中につき特別品対応となります

~国内製造シリーズ~

甘酢生姜、紅生姜

紅千切生姜使用

甘酢生姜（白）使用

紅千切生姜使用

❶甘酢生姜
日本・中国・タイの厳選した原料生姜を使用し、当社独自の加工技術により、江戸前の味に習った商品となっております。

❷紅生姜
日本・中国・タイの厳選した原料生姜を使用し、当社独自の加工技術により、食感・見栄えの良い商品となっております。

甘酢生姜（白）冷蔵
規格　　　300g、500g、1kg
賞味期限　製造日より90日
保存方法　冷蔵10℃以下

甘酢生姜（白）
規格　　　300g、500g、1kg
賞味期限　製造日より180日
保存方法　冷暗所

甘酢生姜（ピンク）
規格　　　300g、500g、1kg
賞味期限　製造日より180日
保存方法　冷暗所

紅千切生姜（天着）
規格　　　300g、500g、1kg
賞味期限　製造日より120日
保存方法　冷暗所

・紅みじん生姜（天着）500g
・国産紅千切生姜（合着）1kg
・甘酢生姜（白）冷蔵（乱切）1kg
・甘酢生姜（白）冷蔵B
　（ミジン3mm）1kg

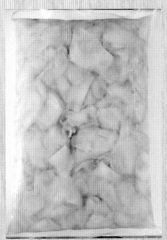

国産甘酢生姜（白）冷蔵
規格　　　1kg
賞味期限　製造日より90日
保存方法　冷蔵10℃以下

※各種、特別品対応にて国産・タイ産・中国産など産地変更も承ります。

〜国内製造シリーズ〜

寿の寿司商材

おいしいdeしょうが使用

ペーパーラディッシュ使用

❶素材へのこだわり

素材の美味しさを活かしながら、当社独自の加工技術により、食感・見栄えの良い商品となっております。

❷お客様との共同開発

お客様のご要望に応じ、新商品の開発も承ります。

 102 寿食品株式会社の**商品**

おいしいdeしょうが
包装形態　100g×80袋
賞味期限　製造日より90日
保存方法　冷蔵10℃以下

菊の花
規格　　　50g
賞味期限　製造日より365日
保存方法　冷凍－18℃以下

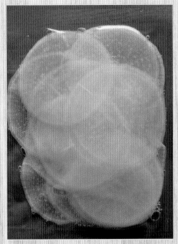

ペーパーラディッシュ
包装形態　20枚×50袋
賞味期限　製造日より365日
保存方法　冷凍－18℃以下

梅酢（赤・白）
規格　　　300㎖、500㎖、1ℓ
賞味期限　製造日より180日
保存方法　冷暗所

山椒の実
規格　　　30g
賞味期限　製造日より365日
保存方法　冷凍－18℃以下

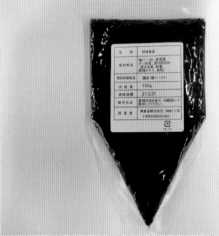

国産梅干（かつおぶし、紫蘇入り）
規格　　　300g×20
賞味期限　製造日より150日
保存方法　冷暗所

寿食品のブランチング野菜使用例

寿食品株式会社の商品

菜の花辛し和え

菜の花天ぷら

葉大根おひたし

煮物トッピング

オクラ胡麻和え

ねばねば丼

知って
おきたい
調理の基本

すし飯作りのポイント

すし飯はすしにはなくてはならないもの。米の選び方、水加減、合わせ酢の配合、酢合わせ、保管、をしっかりすれば美味しい、すし飯となります。

すし飯のでき次第で、すしをふんわりと形をくずさずに握れるかも決まります。

米について

米はすしの味を決める大切な食材です。
昔はすし飯を炊く専門の職人さんもいた位です。

コシヒカリ、ササニシキ、ナナツボシ、アキタコマチ、ハエヌキ、ヒトメボレ、ひのひかり、キヌヒカリ、ゆめぴりか等、さまざまな品種の米が出回っています。

外国でも最近は、中国、アメリカ、イタリアなどで、すしに合う米が出回り始めています。

米は品種によって、または育て方によって味や粘りが違ってきます。
米のとぎ方、水加減、浸漬時間、蒸らし時間、酢合わせ加減など、それぞれの品種によって微妙な調整が必要となります。

炊飯器と炊飯量

すし店ではガス釜を使っていることが多いです。家庭や海外では電気釜が一般的です。

釜の大きさに対して、1/2〜3/4位の量を炊飯すると良いでしょう。

容量目一杯の米を炊くと炊きムラができたり、少なすぎると硬かったりします。

電気釜でも、IHの炊飯器は火力が強くムラなくたきあがります。

蒸らし時間

ガス釜などでは炊きあがってから15分〜20分位蒸らしたら酢合わせをします。

電気炊飯器の場合は蒸らし時間も入っての炊きあがりなのでブザーがなったタイミングで酢合わせをすると良いでしょう。

❶水をはり、一度かき混ぜ、水を捨てる。

❷かき混ぜ押えるように研ぐ。
（もみ洗いでもよい）

❸水をはり、流す。

❹再度研ぐ。
（力を入れすぎると米が割れるので注意）

❺米がこぼれ出ないように気を付け洗う。

❻ザルにあける。

❼最後は水で流し取る。

❽米によりザルに上げて炊く時や水に漬けて
から炊く時がある。

❶塩・砂糖・酢・はかり・軽量カップを用意する

❷塩・砂糖に酢を入れる

❸よく混ぜ合わせる

注：混ぜて少し時間を置くと溶ける。
火にかけて早く溶かす場合は煮立てないように気をつける

【合わせ酢の配合】

　合わせ酢の配合割合は、それぞれのお店によって異なります。

　一般的には、魚の味を生かすならあっさりめ、冷凍ものが多い時は濃いめ、関西すしは甘めにします。

　下記の配合割合を参考にしてください。

米　1升に対して（180ccで10カップ）

	塩	砂糖	酢
あっさりめ	40g	80g	米酢250cc
濃いめ	50g	100g	米酢270cc
甘め	40g	120g	米酢250cc
江戸前	50g	50g	粕酢150cc+白酢100cc

使用する酢

　米酢、粕酢、穀物酢

酢合わせ

❶釜と飯の間にしゃもじを入れる。
（シャリネットは使用しない場合）

❷釜から飯台に飯を移す。

❸合わせ酢を、しゃもじにかけながら全体に
かける。

❹下から起こすようにしながらまず大まかに
混ぜる。

❺一度片側に寄せる。

❻しゃもじ1回すくう分位を空いている所で
細かく混ぜる。

❼切ったシャリが片側に寄ったら、飯台を
180度まわす。

❽スナップを利かせ、再度ほぐすように切る。

⑨全体に広げる。しゃもじとフキンに付いた飯粒をフキンでとる。

⑩団扇で一気に扇ぎ粗熱を取る。

⑪ひっくり返し、ほぐしながら扇ぐ。

⑫容器にフキンをかけ、しゃもじで移す。

⑬フキンではらいながら、飯台やしゃもじに飯粒を残さないように取る。

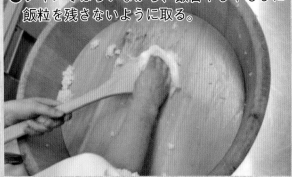

⑭釜を傷が付かないような道具で洗う。

⑮飯台を水洗いする。
（洗剤は使わない）

酢合わせのポイント

・『シャリ切り』と言うようにしゃもじで米を切るような使い方で酢と混ぜます。

・２〜３分位の短時間で混ぜる。

・ひと肌位の温度に保つと使いやすい。

・ステンレスボウルなど混ぜる時は大きめのボウルを使う。底がせまいので酢がたまらないように混ぜる。

寿司の握り方

❶握りのセットをする。

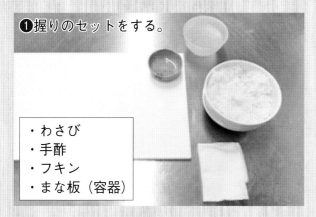

・わさび
・手酢
・フキン
・まな板（容器）

❷手酢を適量つけ、手のひら全体に広げる。

【左手】
・ネタは親指と人差し指ではさむように持つ

【右手】
・1個分のシャリを取り、軽く手の中で転がし、丸く形をつくる

❸左手でネタを持ちシャリを適量取る。

❹ワサビをつける。

・握りずしの手返し
　横返し、縦返し、小手返し、本手返しなどがあります。今回は基本の横に返す手法で説明しています。

❺シャリをのせる。

寿司の握り方（つづき）

❻縦にはさむ。

握り1

❼左手を軽く握りながら右指で軽く押える。

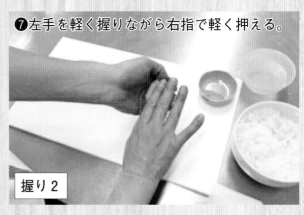

握り2

❽横に転がしネタを上にしながら元の位置に置く。

握り3

❾軽く握る。

握り4

❿右回りにまわす。

握り5

⓫ネタをかぶせながら脇をしめる。

握り6

⓬軽く握る。

握り7

野菜ずし握りの場合
・野菜は酢飯にくっつかない物もあるのでシャリ玉を作り上に乗せても良い。

基本の海苔グンカン

グンカン 3 cm×16cm海苔で寿司飯に巻く

5 mmほどの深さがあるとネタがほどよく乗る

きゅうりグンカン

ピーラーで薄くそぐ

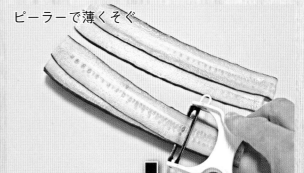

酢飯に巻く

具材を入れる

魚の切り身のグンカン

3×16cmの薄切りにして端をそぐ

↓

寿司飯に巻く

↓

刺身に合いそうな野菜を入れる

薄焼き玉子グンカン

3×16cmの薄焼き玉子を酢飯に巻く

↓

玉子周りを茹で三ツ葉などで結ぶ

1. 海苔について

海苔は品質によって値段の差が大きく、産地や採れた時期によっても甘みや固さが違います。

海苔は日本全国で採れるので産地は何百とありますが、大きく分けて東日本、瀬戸内、九州の３つの地区に分かれ生産されています。

北海道から愛知・三重までを東日本地区、近畿中国・四国周辺を瀬戸内地区、そして九州地区の３地区になります。

昔は天日干しでしたが今は機械で大量生産の仕組みができあがっています。

関東では焼き海苔が主流ですが関西では焼かない海苔を使うところもあります。

宮城	東北唯一の海苔の産地。松島湾産のブランド力で人気も高い。
千葉・神奈川	現在の江戸前を守り続ける本場のブランド
愛知・三重	栄養分の高い海苔が採れる。
瀬戸内	兵庫・広島・四国沿岸・和歌山等良質の海苔が広範囲において採れる。
有明・熊本	いわずと知れた国内最大の漁場。ブランド力も申し分ない。

2. 海苔巻きについて

一般に海苔巻きというと関東では細巻きをいいますが、関西では太巻きをさす場合もあります。
ツヤのある側が表になります。

江戸前寿司では干瓢巻きが巻かれていました。その後、鉄火巻きやかっぱ巻きができました。

最近では海外を中心に色々な食材や生野菜、アボガドなどを使った洋風ロールも流行っています。

3. 海苔の切り方

・この本で使う細巻きや飾り巻きに使う１枚は半切り
海苔を使います。

・半分に切る時は幅の広い方に手で折るか、包丁又は
ハサミで切ります。

4. 巻きす

主に竹製のものが多く、大きさは用途によってさまざまなものがあります。

すし店では海苔巻きに使うことが多いですが、玉子焼きを巻いたり、茹でたり、野菜の水をしぼったりするのにも使います。

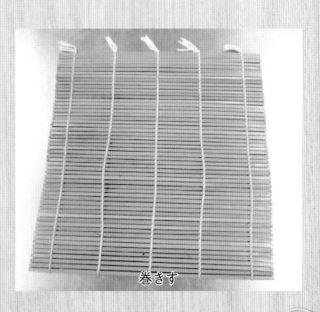

巻きす

太巻き寿司の巻き方

　太巻き寿司も握り寿司同様古くからあり、玉子焼きで巻いた物が巻かれていた。特に上方、関西方面では色々な食材を入れた太巻きが多くまかれていた。関東では焼き海苔、関西では生海苔で巻かれた事が多いと書かれている。地方の特産物や乾物、魚介の加工品を使った郷土寿司も多くあり、生ものより時間がたっても食べられるのでお土産などにも向いている寿司である。

　海苔は基本縦長に使うが細く巻きたい場合やぐざいが少ない場合には横に使う場合もある。

❶太巻きのセット。

❷200〜250gをフワッとまとめる（具材の量により変わる）。

❸中央より少し上に柔らかくのばす。

❹手前に広げる。

❺指を軽く曲げてシャリを広げる。

❻押しつぶさないのがコツ。

❼角にも広げる。

❽具材を真ん中にのせる。

❾巻く前に具材をまとめる。

❿手前からかぶせるように巻く。

⓫包み込むように押える。

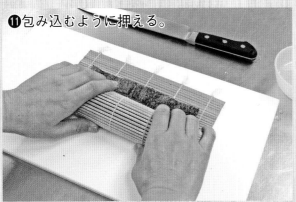

⓬巻きすをずらし合わせ目が下になる位置でとめる。

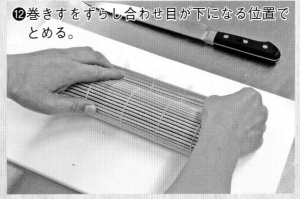

⓭軽くしめる。

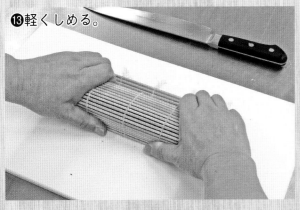

⓮両脇からシャリがはみ出ないよう押える。

⓯8等分に切る。

⓰高さ向きをそろえて盛る。

細巻き寿司の巻き方

①材料、道具を用意する。

②80〜85g（具材の量により変わる）のシャリをフワッとまとめる。

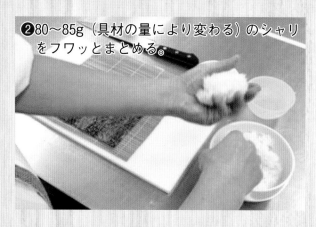

③左から右に平均に柔らかくのばす。

④端に手を当て左手で広げる。

⑤左側も同じように広げる。

⑥中央も広げる。

⑦奥も指1本分、海苔を残すくらいまで広げる。

⑧ワサビを右から左に塗る。

❾巻き芯を中央に置く。

❿巻すをすくってかぶせてゆく。

⓫軽く先を押える。

⓬竹5～6本をずらし、軽くしめる。

⓭両側を押える。
　（はみださないようにする）

野菜の蒸し寿司の作り方

蒸し寿司

食材

すし飯250g　茹でエビ3尾

本しめじ　エリンギ　かぼちゃ

ねぎ　人参　三つ葉　海苔

その他お好みでいれてください

☆器は丼や曲げわっぱなどでも良い。

❶混ぜ飯を適量広げる

❷海苔をかける

❸具材を入れる

❹根野菜は火を入れたり下ごしらえをする

❺蒸し器の湯が沸いたら入れる

❻蒸し器がない場合は鍋やフライパンでもよい

❼蒸し時間は全体が温まる程度がよい

❽冷めないうちに提供する

料理のあしらい野菜の飾り切り

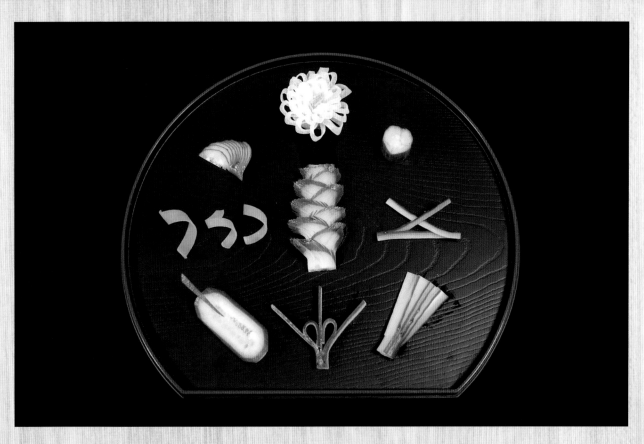

大根の花

❶20cm位の桂むきを2つ折りにして1cmほど残し細く切っていく

❷人参などを中心に巻いていく（中心が飛び出ないように押さえながら巻くのがコツ）

❸端を楊枝などで止める（水に漬けておくと花が広がる）

松

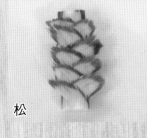

❶5～6cmの縦半分切りの真ん中に串を刺し、皮側に細く切込みを入れる（20回位細かく）

❷かなり包丁をねかせて押したり引いたり、そぎ切りにする

❸奥の方まで包丁を入れると曲がってくる

扇面きゅうり

❶5cm程の縦半分に切ったきゅうりの元を残し薄く5枚押し切りする

❷2枚目を内側に丸める
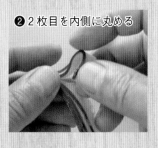

❸4枚目を内側に丸める
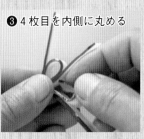

半月扇

❶端を斜めに切り落とす

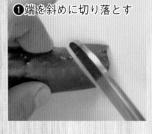

❷元を少し残し押し切りにする

❸指で押さえて広げる

扇

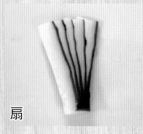

❶キュウリ縦半分に切った3〜4cmの端を少し切る

❷元を1cmほど残し薄く5枚押し切りにする

❸指で押さえて広げる

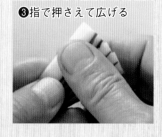

重ね松葉

❶3〜4cm×1cm幅の薄いきゅうりの元を残し薄く切る

❷反対側からも薄く切る

❸外側を内側に重ねる

わさび台

❶十文字に目印を付ける

❷中心に向かって斜めに4か所切込みを入れる

❸ねじって外す

船

❶5cmの半分切りきゅうりの淵に切込みを入れる

❷四方からくり抜くように切る

❸片側に切込みを入れ薄いきゅうりを挟む

より人参

❶薄く桂むきにして斜めに切る

❷端に巻き付ける

❸端の先の方で丸めるとよい

きゅうり、赤パプリカ、野沢菜、山ゴボウ、各9cm。玉子焼き1.5cm角×9cm。酢飯140g（70g×2）

❶すし飯70g野沢菜ときゅうり　角9cm

❷赤パプリカ、山ゴボウ、各9cm

❸細巻きの巻き方で最後菱型に巻く

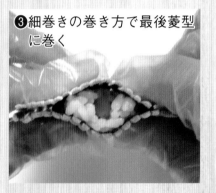

❹半分に切る

❺巻きすの上にまず2本を並べる

❻玉子焼きと残り2本をのせ組む

❼1枚と4分の1海苔に乗せ崩れないように巻く

❽形を整えて両端を押さえ4等分に切る

❾完成

＊1枚：半切り海苔1枚で説明しています。

酢飯（青菜漬、青のり混ぜた飯）80g

刻み青菜漬物、青のり少々、1cm角×10cmの人参煮物5本と長芋生4本

❶4分の3のりの上に人参と長芋を交互に組んでいく

❷手で崩れないように巻いていく

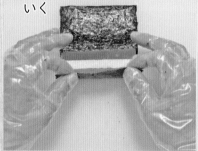

❸緑80gから10g少し別にして、15cmほど広げる

❹左端に置いて巻いていく

❺ご飯が足りないときは予備の10gご飯で補う

❻巻きすで四角く整える

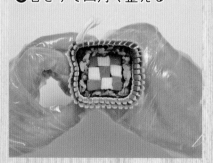

❼4等分に切る

　ここで紹介している6種の飾り巻き寿司には作り方の基本である（酢飯を計って広げる）（丸を巻く）（山を作る）（左右対称に積む）などの調理技術を使って作っています。

酢飯240g（80g、25g×2、20g×4、30g）

山ゴボウ（人参）5cm、赤おぼろ5g、稲荷揚げ1枚、白ごま少々

❶ のりを1枚と2分の1をつなぎ、ご飯を80g10cm×15cm広げる

80g

❷ 25g山を2つ作る（2.5cmの高さ）

25g   25g

❸ のり2分の1を半分に折ったものを山の間に入れて菜箸で押し込む

❹ はみ出してるのりを折り返す

❺ 山の間におぼろと山ゴボウをやや押し込んで入れる

❻ 山をとじ三角にする。両側にきゅうりを置く（山の頂点に合わせて置く）

❼ 巻きすを手に持ち挟むようにしめて、30gでふた飯をして巻く

❽ 巻きすを上からかぶせてトンネル型にしめ、脇をおさえる（両脇）

❾ 4等分に切る

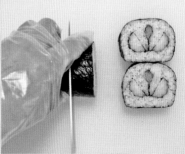

梅の花の作り方

赤酢飯75g、白酢飯100g。（おぼろ、たらこ、しそふりかけ等で色付け）

きざみガリ小1、練りうめ、赤おぼろ15g、ほうれん草10g、10cm×5本

❶ 花びらを巻く（5本）3分の1海苔、15gの赤を巻く

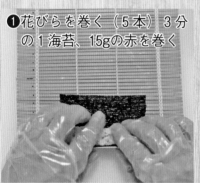

❷ 花びらを巻きすの中で転がし丸くする

❸ 巻きすの上に花びらを3本Vの字に置き、中央に山ゴボウを置いて残りの花びらを組み花の形にする

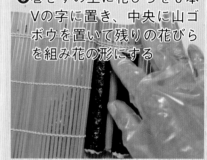

❹ 花びらの間にほうれん草を置き、崩れないように1cm×15cm、海苔のバンドを巻いてとめておく

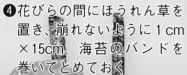

❺ のりを1枚と2分の1飯粒でつなぎ、酢飯を10cm×15cmを広げる（ご飯をふた飯用に少し別にしておく）梅を塗りゴマをふる

❻ 中央に花を置き、おさえながら手前から巻き、巻きすを持ち上げる

❼ ご飯の届いていないところは別にしておいたご飯を調節しながら入れて巻く

❽ 巻きすで丸くしめて、横のご飯をおさえる（両側）

❾ 4等分に切る

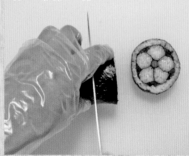

酢飯270g（100g、25g×2、20g×4、40g）

パプリカ甘酢漬け20g、出汁漬けほうれん草（水分をよく拭く）60g、稲荷揚げ1枚、白ごま少々

❶ のりを1枚と2分の1つなぎご飯を広げる

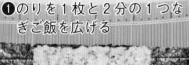

100g

❷ 中央の2本は角25g他の4本は20gで山を作る。中央2本は高め、左右2本ずつは低めのものを置く

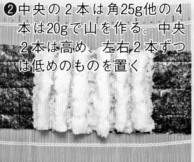

❸ 中央にパプリカを入れて、菜箸等でおさえる

❹ 折りたたんだ3cm幅ののりをパプリカの上に置き、両側の山で挟む

❺ 山の両側にほうれん草を置いて小さい山で挟む

❻ さらに山の両側にほうれん草を置く

❼ 巻きすを手に持ち両側から挟むようにしめ、40gのふた飯をしてとじる

❽ 巻きすを上からかぶせてトンネル型にしめ、脇をおさえる（両側）

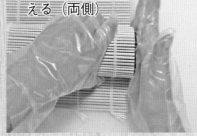

❾ 4等分にする

バラの作り方

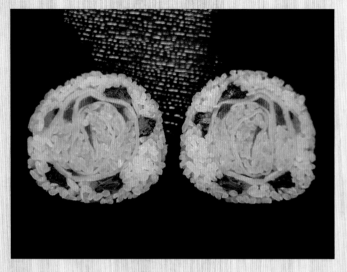

酢飯　赤70g（白50gにおぼろ20g）白100g、20g

薄焼き玉子10cm×16cm 2枚、青菜茹で又は青菜漬物25g、おぼろ20g、白ごま、パプリカ20g

❶ うす焼き玉子に赤70gを少しずつ小さな山にしてランダムに置く（2枚に）

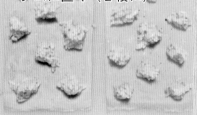

❷ ご飯の間にパプリカを散らす

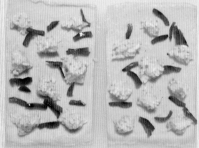

❸ ご飯の間を埋めるように巻いていき、1本巻いたらもう一枚の上に乗せてさらに巻いていく

❹ のりに白100gを縦16cm位に広げて白ごまをふる

❺ 菜箸で5か所くぼみをつける

❻ くぼみに野沢菜を入れて、中央に③を置く

❼ 巻いていきご飯が足りない場合は少し補って巻きます

❽ 巻きすで丸くしめて、横のご飯をおさえる（両側）

❾ 4等分に切る

　一番おいしいのはもちろん旬の新鮮な野菜を使うことですが、下ごしらえで更においしくなります。一口に茹でると言っても沸騰したところから茹でる野菜、水から茹でるのが良い野菜もあります。塩を入れる、酢を入れる、米のとぎ汁を入れるなど茹で方にも色々です。

塩を入れる
　特に葉物野菜などすぐに冷水にとると良い緑色を保ちます。

酢を入れる
　レンコンやゴボウなどの根野菜、黒くならず白く茹で上がります。

米のとぎ汁
　サトイモ、ダイコンなど水から茹でると辛味やぬめりを取ってくれます。

ヌカを入れる
　タケノコなどはとぎ汁や糠がタケノコのアクを吸収してくれます。

◆**小麦粉を入れる**と良いのはカリフラワーなどは独特の白さが際立ちます。
◆**重曹を入れる**と葉物は色鮮やかに豆類は柔らかく茹で上がります、使う量がポイントです。

茹で野菜向き
　菜の花、ブロッコリー、グリーンアスパラ、さやえんどう、スナップエンドウ、インゲン、オクラ、などの緑黄色野菜。

自ら茹でたほうが良い野菜
　人参、大根、ごぼう、イモ類（組織が硬いため）。じっくり加熱し表面の荷崩れを防ぐ。

茹でに向かない野菜
　きゅうり、なす、ズッキーニ、ピーマン、しそ、他。

茹でたら直ぐに冷ます
　葉物などは色が鮮やかに仕上がります。予熱で火の通りすぎを防ぎます。

自然に冷ます
　豆類などはそのまま自然に冷ますと良いです。予熱でじっくりと芯まで熱が入ります。

レンジで温める
　レンジで加熱する際は塩やオイルは振らない方が良いでしょう。マイクロ波は塩分に集中するそうです、オイルも同様です。
　レンジに並べる際は皿の周りに置くと良いです。真ん中は外側より加熱されにくいからです。

蒸 す

　野菜を蒸す方法としては蒸し器、なべ、フライパン、スチームオーブン、電子レンジ、無水調理器、最近では万能電気釜など色々な調理器で蒸し料理ができます。

　野菜を蒸す調理法の良い所は水分が出るのが少ないので旨味や香りをそこなわないところです。

　形が崩れにくいことや脂分やアクが取れる。旨味のある蒸した汁を利用できる。皿に入れラップをかけて入れておけばできるとうい手軽さ。湯がなくならなければ焦げる心配がないなど。

素蒸し

　茄子、かぼちゃ、イモ類などを味付けせずそのまま蒸す方法です。

酒蒸し

　素材に酒をふりかけたり昆布を使ったりして蒸します。

塩蒸し

　適量の塩を振りかけたり、混ぜ合わせたものを蒸します。

器蒸し

　蒸し野菜の盛り合わせのようにあらかじめ予熱を入れておいた素材を器に盛り込んで蒸します。

包み蒸し

　桜の葉、青紫蘇、柿の葉、葉の葉、昆布などで食材を包みその香りも付ける時の蒸し方です。

蒸し寿司

　すし飯を入れた器に調理済みの食材を入れ蒸しあげた郷土料理。「ぬく寿司」などとも呼びます。

無水調理

　密閉度の高い鍋などで野菜の持っている水分だけを使い蒸すことで野菜本来の味や旨味を引き出すことができる蒸し方です。

電子レンジで加熱する

漬ける

料理系

煮びたし
煮た野菜を出汁に漬けて味を含ませます。

揚げびたし
油で揚げた野菜を調味料に漬けておきます。

甘酢漬け
南蛮漬けのように調味料に酢を足して漬け込みます。

漬物系

即席漬け
塩や調味液で揉み水が上がってきたら絞める。

即席発酵漬け
ビールとパンを袋に入れて漬ける、少し変わった漬物です。

浅漬け
調味液などで数時間漬けて仕上げます。

一夜漬け
塩や調味液で味を付け重石をして一晩おきます。

糠味噌漬け

たまり漬け
味噌を作る時にでる「たまり」に野菜を漬けた漬物のことです。

塩麹漬け
塩麹に漬けて発酵させた漬物です。

漬けることで味を染み込ませると同時に保存する効果もあります。

塩もみする

野菜の場合も色々な煮方があります。

含め煮
　多めの煮汁で味を浸透させる。

煮込み
　多めの煮汁で煮込んでいく。

煮びたし
　煮た後に漬けこんで味を浸透させる。

炒め煮
　野菜を炒めてから味を付ける。

揚げ煮
　一度揚げたものに味を付けて煮込む。

煮染め
　濃いめの味で長い時間煮る。

煮付け
　汁は少なめで魚のアラなどと煮る。

◆厚さ大きさなど切り方を揃えて均一に火が通るように煮る。

◆色々な野菜を一緒に煮る場合は火の通りにくいものから入れる。

◆魚と野菜など煮る場合、魚は湯通しして生臭みを取ってから煮る。

野菜を焼くメリットは素材の旨味に香りをプラスすることです。
それと焼いた野菜の表面の食感、そして中のジューシーな旨味が楽しめます。

切るときのポイント
素材に合わせて適切な厚さに切る。

適度な厚さに切る
厚すぎると火の通りが遅く、薄いと水分が飛んでパサつく野菜焼きになります。

野菜により焼き方を変える
生から焼いた方が良いもの、下茹でしてから焼いた方が良いもの、レンジで柔らかくしてから焼くものなどがあります。

香りを出す
野菜を一度焼いて香りを出し、出し汁に漬けた焼き浸しなども美味しい料理です。

直焼き
直火焼きは水分が飛ぶので表面は乾いた感じで焼きあがります。
フライパンで焼く場合は蒸し焼きに近くなるのでしっとり焼けます。

味付けは後半
味付けは塩、または塩っ気のある調味料は後で味付けするとよいです。
先に振ると塩分で野菜から水分が出るので水っぽく感じます。

バター焼き

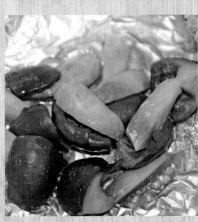

素揚げ

どちらかといえば野菜中心で水分の多い魚などはあまりしません。

骨せんべいなどは薄い衣をつけてあげる場合もあります。

野菜なら160℃程の低温で、骨せんべいも低温で揚げ最後に高温でカラッと揚げるなど温度調節も必要です。

天ぷら、唐揚げ、フライ

衣をつけて揚げる場合は衣の濃さと油の温度が大事です。

カラッと揚げるには小麦粉にコーンスターチを混ぜたり、冷やしたりします。

火の入りやすい魚介類などは180℃位でサクッと揚げる。少し厚めの食材は170℃前後で、冷凍ものなどは160℃前後でじっくりとなど、火加減を調節します。

天ぷらなどは大豆油に胡麻油を合わせたり、色々好みの油で揚げます。

油は新しいものを使う

油は劣化していくので食材により揚げる順番があります。

柔らかい野菜、硬めの野菜、水分の少ない魚系、肉系、水分の多い魚系、肉系などの順で揚げると良いでしょう。最初に水分の多い魚や肉を挙げてしまうと劣化が早いです。

油を使用するときの順番

一度に色々料理を作るときは野菜の素揚げ、天ぷら、魚介の揚げ物、肉の揚げ物などの順で揚げると効率よく油を使用することができます。

予熱を入れる

火の通りにくい根野菜などは電子レンジやスチームオーブンで予熱を入れておくと調理時間も短縮できます。炒め煮などの場合にも野菜の煮くずれが少なくなります。

炒める

フライパンを使用

細かく切った野菜を炒める、大きめの野菜や魚、肉などを焼く、炒めた後煮るなどの調理法があります。

野菜を炒める

高温で短時間にした方が野菜の水分や旨味を閉じ込めて歯触りもよくなります。油で野菜の周りをコーティングして水分などが出るのを防ぐことでシャキっと仕上がります。

野菜の切り方

大事ですね、ムラなく平均に火が通るよういうに大きさや厚さを揃えるのがポイントです。フライパンや鍋に入れる食材の量は厚さの半分以下にした方が手早く炒めることができます。

肉や野菜と一緒に炒める

野菜の入れる順番　油→ニンニクや生姜→肉、魚→野菜の順に入れると香辛料の香りや肉、魚の旨味が野菜に入ります。味付けは最後に調味料を入れて整えると良いでしょう。先に塩や醤油を入れてしまうと塩分で野菜や素材から余計な水分を引き出してしまいます。

予熱をする

火の通りにくい根野菜などは電子レンジやスチームオーブンで予熱を入れておくと調理時間も短縮できます。炒め煮などの場合にも野菜の煮くずれが少なくなります。

和え衣（和える際の調味液）

　からし和え、わさび和え、白和え、ごま和え、黒ごま和え、味噌和え、酢味噌和え、卯の花和え、みぞれ和え、納豆和え、梅肉和え、黄身和え、黄身おろし和え、土佐和え、肝和え、うに和え、酒盗和えなどが和食では代表的な和え衣ですが、その他洋風の調味料も含めて様々なアレンジをします。

梅肉和え、長芋

ごま和え、ほうれん草

辛子みそ和え、菜の花

酢みそ和え、ウド

野菜の冷や汁

冷や汁とは味噌で味を付けた、冷たい汁物料理。主に夏場に食べる。山形県、埼玉県、宮崎県など日本各所の郷土料理です。

夏は、食欲が落ちたり、疲れやすくなったりします。夏野菜のトマト、きゅうり、なすなどには、カリウム、マグネシウムが多く含まれます。酢飯で握った夏野菜の寿司はサッパリして食欲がない時などでも美味しい寿司です。

冷や汁に漬けた野菜を乗せた寿司は脂のある魚などの合間に口直しとして食べても喜ばれます。

調理のポイント

材料／合わせ味噌…100g中アジ1匹分（干物、ジャコなど好みの魚などで良い）きゅうり、茗荷（好みでナス、トマト、パプリカ、ブロッコリー、オクラなどの夏野菜）、大葉…8枚、出汁（冷やしておく）…1600cc、すりごま…50g

作り方

①焼いたアジ、干物、じゃこ、など好みの食材を細かくほぐす。

②ほぐし身を混ぜた味噌に焼き目をつける。又は弱火で練る。

③キュウリを輪切りにして塩揉みしておく。大葉は千切り、他の野菜も下ごしらえする。

④焼き目つけた味噌に出汁を少しずつ加えて混ぜる（砂糖、酒、味醂などで味を調整しても良い）。

⑤入れる野菜類を好みの量加える。

⑥味が染み込んだら、取り出してペーパーで拭き酢飯で握る。

色止め

水、なす

酢水、ウド薄切り

菜の花、冷水

変色しやすい野菜類は切り口がなるべく空気に触れないようにして色止めをします。葉物などは塩茹での後に冷水に漬けることで変色を防ぐことができます。

水にさらす

じゃがいも、さつまいも、なすなど。

氷水に漬ける

ほうれんそうなどの葉物、オクラや絹さやなどの緑野菜

薄い酢水に漬ける

レンコン、ごぼう、山芋、長芋など。

わさび醤油　　　　にんにく醤油　　　　しょうが醤油

ポン酢　　　　酢みそ　　　　胡麻だれ

和風ドレッシング　　フレンチドレッシング　　チョレギのたれ

ガーリックオイル　　　スイートチリソース

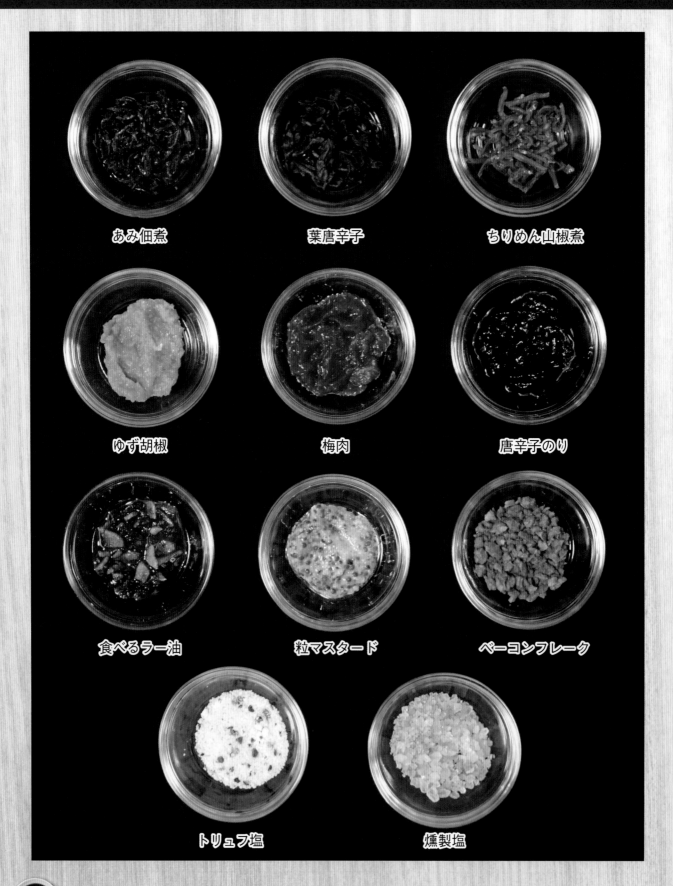

あみ佃煮　　葉唐辛子　　ちりめん山椒煮

ゆず胡椒　　梅肉　　唐辛子のり

食べるラー油　　粒マスタード　　ベーコンフレーク

トリュフ塩　　燻製塩

この本を書くにあたって、次の方々（会社も含む）にご協力いただきました。
心より御礼申し上げます。

（敬称略　五十音順）
太田和（割烹、千葉県館山市）
風間初音
カネク株式会社
株式会社やまじょう
菊池重俊
寿食品株式会社
笹元（すし店　千葉県館山市））
寿し甚きち（神奈川県小田原市）
すし哲エスパル店（宮城県仙台市）
大松鮨（神奈川県大井町）
松下良一

このほかにもご協力いただいた方々に心より御礼申し上げます。
特に、カバー・表紙デザインは竹鶴壽男デザイナーにご支援いただきました。

実際にこの本を出版してみて、まだまだ満足のいくものではないと思いました。
次の出版の機会がありましたら、もう少し満足のいくものに仕上げたいと思います。
最後に全国のすし職人さんにエールを送りたいと思います。

フレーフレーすし

感　謝

著者プロフィール

安田修康（やすだ　しゅうこう）

1944年　静岡県伊東市出身。
1966年　東京農業大学農学部農芸化学科卒業。
1969年　寿食品株式会社創業。
千葉県南房総の中太生姜を原料とした、寿司用甘酢生姜の製造販売したことに始まる。
現在、様々な生姜製品を手掛けるメーカー、寿食品株式会代表取締役会長。
株式会社　房総農業会社代表
東京農大経営者会議副会長

川澄　健（かわすみ　けん）

1956年　神奈川県鎌倉市生まれ。
1978年〜　藤沢市の寿司店に16年間勤める。
その後「すし川澄」を12年間経営。その技術を広めるため東京の寿司学校で12年間講師を務め、寿司調理師の養成に携わる。
1994年〜　TVチャンピオン「全国寿司職人握り技選手権」で3度の優勝。
川澄飾り巻き寿司協会会長
TV、雑誌などメディア出演も豊富。

著書にすしの辞典「すしから見る日本」文研出版、「新調理師養成教育全書 すしレシピ集」共著、「飾りずしの技術・細ずしの技術」旭屋出版、「おいしい飾り巻きずしの作り方」主婦の友社、「SUSHI PARTY」「SUSHI ART COOK BOOK」など20冊以上がある。

野菜の寿司ねた

2021（令和3）年3月10日　初版第1刷発行

監　修　寿食品㈱営業部
著　者　安田修康・川澄　健
発　行　一般社団法人東京農業大学出版会
　　　　代表理事　進士五十八
　　　　〒156-8502東京都世田谷区桜丘1-1-1
　　　　Tel. 03-5477-2666　Fax. 03-5477-2747
　　　　E-mail：shuppan@nodai.ac.jp

Ⓒ安田修康・川澄健　印刷／共立印刷　202133500そ
ISBN978-4-88694-506-8　C3061　￥1800E